青少年综合素质培养课

青少年

创造力

培养课

感悟

杜兴东　编著

全球经典的品质培养成长书系之一

你的人生第一课

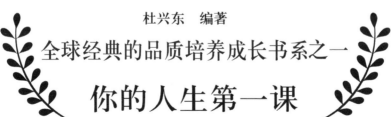

北京出版集团
北京出版社

图书在版编目（CIP）数据

青少年创造力培养课．感悟／杜兴东编著．— 北京
：北京出版社，2014.1
（青少年综合素质培养课）
ISBN 978 - 7 - 200 - 10281 - 9

Ⅰ．①青… Ⅱ．①杜… Ⅲ．①青少年—创造能力—能
力培养 Ⅳ．①G305

中国版本图书馆 CIP 数据核字（2013）第 282793 号

青少年综合素质培养课
青少年创造力培养课　感悟
QING - SHAONIAN CHUANGZAOLI PEIYANGKE　GANWU
杜兴东　编著

*
北 京 出 版 集 团
北 京 出 版 社　出版
（北京北三环中路 6 号）
邮政编码：100120
网　　址：www . bph . com . cn
北 京 出 版 集 团 总 发 行
新 华 书 店 经 销
三河市同力彩印有限公司印刷
*
787 毫米 ×1092 毫米　16 开本　12 印张　170 千字
2014 年 1 月第 1 版　2023 年 2 月第 4 次印刷
ISBN 978 - 7 - 200 - 10281 - 9
定价：32.00 元
如有印装质量问题，由本社负责调换
质量监督电话：010 - 58572393
责任编辑电话：010 - 58572775

前　言

世界上最有价值的东西是什么？黄金，珠宝，美玉？还是其他的什么东西？其实，这些东西都很值钱，但是这样就能够说它们很有价值吗？显然不是。

世界上最值钱的东西也最不值钱，最值钱的东西没有价钱，智慧绝对无价；但是智慧也一毛钱都不值——这就是所谓的"众生颠倒"。

佛曾经说，一切众生从无始来，种种颠倒。人世间没有一样不颠倒，众生颠倒，知见不正，样样颠倒。不颠倒，就成佛了。佛是什么？中国禅宗祖师说佛是无事的凡人，没有事的平凡人，哪个人能够做得到？都是无事生非，都在颠倒之中。

中国禅宗的傅大士，南北朝时期人，弥勒菩萨的化身，与达摩祖师见过面。他写了一首颠倒的偈子："空手把锄头，步行骑水牛，人从桥上过，桥流水不流。"这首偈子千古以来，有几个参透？如果能参透，你就悟道了。有些学道的人说这是密宗！用一首更通俗的打油诗来解读便是："半夜起来贼咬狗，捡个狗来打石头，从来不说颠倒话，阳沟踏在脚里头。"一切不过颠倒颠！

如何才不颠倒呢？明代大诗僧苍雪大师有首诗："南台静坐一炉香，终日凝然万虑亡，不是息心除妄想，只缘无事可思量。"——这才是不颠倒！

　　唐朝药山禅师与门下两位弟子云散、醒吾坐在郊外参禅，看到山上有一棵树长得很茂盛，绿荫如盖，而另一棵树却枯死了，于是药山禅师观机教化，想试探两位弟子的功行，于是先问醒吾："荣的好呢，还是枯的好?"醒吾答曰："荣的好!"再问云散，云散却回答说："枯的好!"此时正好来了一位沙弥，药山就问他："树是荣的好呢，还是枯的好?"沙弥说："荣的任他荣，枯的任他枯。"药山颔首。世间原无正与反，草木何论荣与枯?

　　真理往往简单明了，只是由于心灵受到尘埃的蒙蔽，才使得简单的道理变得复杂起来，人生之旅因而茫然不知所措。"安禅何必须山水，灭却心头火自凉。"生活就是心灵的修炼场，凡事顺其自然，遇事处之泰然，得意之时淡然，失意之时坦然，艰辛曲折必然，历尽沧桑了然，方是修身养性之道。看透了世间诸多颠倒，便能够明辨是非纷扰。

　　"知我者谓我心忧，不知我者谓我何求。"在深入灵魂的感悟中，让我们的心灵感慨人生沧桑的得失，领悟走向成功的奥秘，寻找心态和谐的真谛……

目　录

第一章　人生的至境 / 1

人生的至境 / 2

保留心中最初的纯真 / 5

放下我执 / 7

事能知足心常惬，人到无求品自高 / 9

生者寄也，死者归也 / 11

磨炼福久，参勘知真 / 14

心无执着，清虚空灵 / 16

从缺憾中领略完美人生 / 18

大梦谁先觉 / 20

勿忘初心 / 22

第二章　用一生的时间来悟"道" / 25

用你自己的一半去获取上帝手中的另一半 / 26

用一生的时间来悟"道" / 29

满招损，谦受益 / 31

专注于心，有始有终 / 33

流水不腐，户枢不蠹 / 36

学问的最高境界 / 39

第三章　人生是一场永不止息的博弈游戏 / 41

轻则失本，躁则失君 / 42

别过于迷信他人的看法 / 45

人之言为信 / 48

前车之覆，后车之鉴 / 50

观水学做人 / 52

谨慎而不保守 / 54

图难于其易，为大于其细 / 56

年少戒色，中年戒争，老年戒得 / 59

不自生，故能长生 / 62

人生是一场永不止息的博弈游戏 / 65

第四章　人情反复，世路崎岖 / 69

何为"人情世故" / 70

近则不孙远则怨 / 72

以直报怨，道不远人 / 74

无迁令，无劝成 / 77

跳出三界外，不在五行中 / 79

意有所至而爱有所亡 / 81

己所不欲，勿施于人 / 83

第五章　于事无心，于心无事 / 85

一切烦恼，其实都是自寻烦恼 / 86

用理智平衡冲动的感情 / 88

抛却妄念，心如止水 / 90

别陷入"色厉内荏"的陷阱 / 92

输赢下不完，何必工心计 / 94

于事无心，于心无事 / 96

按住心兵不动，管他兵荒马乱 / 98

第六章　背着名利的压力注定不能走远 / 101

背着名利的压力注定不能走远 / 102

矢上加尖，锋刃不保 / 104

善用物而不被物所用 / 106

幸能正生，以正众生 / 108

患得患失，得不偿失 / 110

第七章　丹青不知老，富贵如浮云 / 113

丹青不知老，富贵如浮云 / 114

用低调人生书写高贵品质 / 116

莫把真心空计较，唯有大德享百福 / 119

洗尽铅华呈素姿 / 121

宠辱不惊，去留无意 / 124

第八章　用出世的心做入世的事 / 127

大智若愚，大巧若拙 / 128

不在其位，就不谋其政吗？ / 131

以效法天道谋求人道 / 133

功成身退天之道 / 136

用出世的心做入世的事 / 139

第九章　坚持守心守道的中和 / 143

坚持守心守道的中和 / 144

逃出"成、住、坏、空"的劫 / 146

得意莫过喜，失意莫过悲 / 149

济人须济急时无 / 151

襟怀坦荡，问心无愧 / 153

一切都是最好的安排 / 156

大道废有仁义，慧智出有大伪 / 158

第十章　规划好自己的人生之旅 / 161

有意义的人生才能跳出时光的局限 / 162

规划好自己的人生之旅／164

扔掉多余行李，你会走得更远／167

头要低，腰须挺／170

可以平凡，不能平庸／173

沉潜以待高飞／175

致虚极，守静笃／177

积淀，成就人生的高度／179

得成于忍／181

莫将人生作赌注／183

第一章

人生的至境

 # 人生的至境

人生的境界有高下之分，如何才能达到人生的至境呢？

"古之真人，不逆寡，不雄成，不谟士。"真人真智慧，庄子对此提及了三点，将我们带入一个真实的神话境界，将人的生命价值说得十分清楚。

什么叫真人？"不逆寡"，即顺其自然，一切不贪求，摆脱常人贪多的通病；"不雄成"，走出自大的机械心理，得道的人不觉得自己了不起，一切的成功都是自然，看淡成败得失；"不谟士"，"谟"就是谋，打主意。所有人都是在打主意，想办法赚钱，想办法找门路，想办法学道，都是做生意的思想，都是自己欺骗自己。

这三点是人生心理状况最严重的地方，做到了真人，即摆脱这三个问题。人会打主意，真人不打主意；人会觉得自己了不起，真人不觉得自己有多了不起；人会贪多无德，不好的地方不住，钱少了不干，或者你看不起我，我就生气，真人则不会这样。

听听下面一个人与智者的对话，你会有更深的感悟。

一个人问智者人生的最高境界是什么，智者说："无损于人。"当他第二次问智者人生的最高境界是什么时，智者说："无求于人。"当他第三次问智者人生的最高境界是什么时，智者说："无愧于人。"此人疑惑不解："为什么你三次的回答不一样？"智者回答："你三次来问我时的情况不一样。第一次来时，你身上还有许多魔障，贪多逆寡，一不留神就会做出损害他人的事情，所以你得先保证自己是一个好人，即使不能有益于人，至少也不要有损于人。第二次来的时候，你还不能自食其力，凡事经常求助于他人，一心为自己盘算，这不仅会造成他人的负担，也会给你造成心理压力，不当社会的包袱还不够，你还得想想，自己是不是社会的祸害。第三次来时，你已经丰衣足食，而

且可以帮助别人了，但自大自得会使你对成败得失耿耿于怀，面对他人的急难如果袖手旁观，你会受到良心的谴责，所以第三次我说最高境界是无愧于人。"

此人有些不满："你回答的全是人生最低境界，可我问的是人生最高境界。"智者说："没有最低境界哪有最高境界？为什么关心最高境界的人这样多，关心最低境界的人又是这样少？"智者的反问，让他哑口无言。

有位老人说，人生其实很简单，就跟吃饭一样，把吃饭的问题搞明白了，也就把所有的问题都搞明白了。

聪明者为自己吃饭，愚昧者为别人吃饭；聪明者把吃饭当吃饭，愚昧者把吃饭当表演。聪明者在餐馆点菜时既不点得太多，也不点得太少，他知道适可而止，能吃多少就点多少，他能估计自己的肚子；愚昧者则贪多求全、拼命点菜，什么菜贵点什么，什么菜怪点什么，等菜端上来时又忙着给人夹菜，自己却刚吃几口就放下了，他们要么就是高估了自己的胃口，要么就是为了给别人做个"吃相文雅"的姿态。

聪明者付账时心安理得，只掏自己的一份；愚昧者结账时心惊肉跳，明明账单上的数字让他心里割肉般疼痛，却还装出面不改色心不跳的英雄气概，俨然是大家的衣食父母。聪明者只为吃饭而来，没有别的动机，他既不想讨好谁，也不会得罪谁；愚昧者却思虑重重，既想拼酒量，又想交朋友，还想拉业务，他本来想获得众人的艳羡，最后却南辕北辙、弄巧成拙，不是招致别人的耻笑，就是引来别人的利用。吃饭本是一种享受，但是到了愚昧者这里，却成为一种酷刑。

吃饭跟人生何其相似！人生在世，光怪陆离的东西实在太多，谁也无法说出哪些是好的，哪些是不好的，哪些值得追求，哪些不值得追求，哪种模式算是成功，哪种模式算是失败。

唯一能说明白的也许只有三点：第一，自己的事情自己承担，不要麻烦任何人为你代劳，也不要抢着为任何人代劳；第二，要多照顾自己的情绪，少顾忌他人的眼色，太多顾忌别人，把自己弄得像演员，实在是一件出力不讨好的事情；第三，凡事最好量需而行、量力而行，不要定太高的目标。就像吃饭，你有多大胃口、多少钱，就点多少菜，千万不要贪多求全。

人生的道理，说复杂就复杂，说简单也简单，摆脱贪念，正视自我，不自欺欺人，不斤斤计较，踏实做事，规矩做人，先找到人生的最低境界，再去追求人生的最高境界。

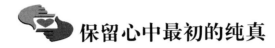 **保留心中最初的纯真**

人们常说"人生观""价值观"，对此，《庄子·应帝王》中说："于事无与亲，雕琢复朴，块然独以其形立，纷而封哉，一以是终。"

"于事无与亲"是《庄子·应帝王》第一个入世的秘诀，有道之士到这个世界上做任何事都是"无与亲"，即佛学讲的不执着。所以，人生应该做的事都该做，做完了不执着，不试图抓得很牢，如行云流水，游戏人间。例如对待生死，不要把自己的生命抓得很牢，年纪大了总有一天要死去，一切都很自然。万事不执着，才能入世。不要强求一件事必然要做到怎样的结果，不要固执自己的成见，不要只想着自我。

"雕琢复朴"，人生都在"雕琢"这两个字上，人本来生下来都是很朴素、很自然的，由于后天的教育、环境的影响等种种原因，把圆满的自然的人性雕琢了，自己刻上了许多的花纹雕饰，反而破坏了原本的朴实。

把雕琢去掉，恢复到朴实的境界，"块然独以其形立"，活着就是活着。人生没有什么"观"，人生就以人生为目的，本来如此，这个题目本身就是答案，这也就是庄子"块然独以其形立"的道理。不要雕琢，不要苛求人生应该如何如何，其无欢喜也无悲，顺其自然。

玉不琢，不成器。但有时，人应该成为一块拒绝雕琢的"原木"，保留人性中单纯、善良、朴实的东西，不要让外在的雕饰破坏自然的本质。

无论何时的社会，无论什么地方，总是有好有坏、有善有恶，关键是你选择什么。

繁华大道，乞讨者众，乞丐的生存产业链黑幕刚刚被媒体披露。孩子问："我们为什么不给他们一些零钱？"给，还是不给？难题是：教孩子仁慈，还是识别欺骗？

　　把人性的故事放在心中，对于每个人来说，都应存留心中最初的纯真，做一块朴实无华的原木。

　　质朴是这个世界的原始本色，没有一点功利色彩。就像花儿的绽放，树枝的摇曳，风儿的低鸣，蟋蟀的轻唱。它们听凭内心的召唤，是本性使然，没有特别的理由。

　　生活在世事纷扰的世界里，尔虞我诈让我们多了一些虚伪，钩心斗角让我们多了一些狡诈，世态炎凉让我们多了一些冷漠。人之所以苍老是由于受一切外界环境和自己情绪变化的影响，而保持一颗质朴的心，可以让生命永远保持健康，让生命永远保持青春，把自己归于自然，回归生活的原始本色。

 放下我执

《庄子·大宗师》中说："夫藏舟于壑，藏山于泽，谓之固矣。然而夜半有力者负之而走，昧者不知也。"

这里的"藏"字，只能借用一个名称来讲，就是佛学中所说的执着，抓得很牢。一个人对生命之中的一切，都想把握得很牢，其实生命永远都不会让你完全把握的。所谓要想将人生牢牢把握，就是这里所说的"藏舟于壑，藏山于泽"，把船藏在山谷里面，把山藏在海洋里面。如此隐藏，在普通人看来，的确十分牢固。人们往往不知道，虽然我们认为藏得很好，但是有个大力士，半夜三更不知不觉地把山和海都背走了。

中国古籍中的"天圆地方"，是指地有方位。曾子就讲过地球是圆的，且一直在旋转，所谓"天道左旋，地道右旋"的观念，由来已久。这里庄子是说，一般人不懂得，以为自己坐在地球上很稳当，实际上地球一直在转动，仿佛山和海在夜里悄悄被人搬走。

人生不可能完全被掌控，正所谓"谋事在人，成事在天"，生命中总有些难以预料的事情，有时无须太过执着。正如感情，感情是一捧细沙，握得越紧，越容易流失。自以为一切尽在掌握中，一切藏得严严实实，其实却十分不牢靠。

看看呱呱坠地的婴儿，生下来都是两手紧握，成为两只小小的拳头，仿佛想要抓住些什么；看看垂死的老人，临终前都是两手摊开，撒手而去。这是上天对人的惩罚吗？当他双手空空来到人世的时候，偏让他紧攥着手；当他双手满满离开人世的时候，偏让他撒开手。无论穷汉富翁，无论高官百姓，无论名流常人，都无法带走任何东西。上帝总让人两手空空来到人世，又两手空空离去。既然如此，又何必偏执于某一点、某一事、某一物呢？想永远藏在一点，是不可能的。

生命历程往往也像河流一样，想要跨越生命中的障碍，达到某种程度的突破，有时必须放下"执着"。

三伏天，禅院的草地枯黄了一大片。

"快撒点草籽吧！好难看哪！"小和尚说，"等天凉了……"

师父挥挥手说："随时！"

中秋，师父买了一包草籽，叫小和尚去播种。秋风起，草籽边撒边飘。

"不好了！好多种子都被吹跑了。"小和尚喊。

"没关系，吹走的多半是空的，撒下去也发不了芽。"师父说，"随性！"

撒完种子，跟着就飞来几只小鸟啄食。"要命了！种子都被小鸟吃了！"小和尚急得跳脚。

"没关系！种子多，吃不完！"师父说，"随遇！"

半夜一阵骤雨，小和尚早晨冲进禅房："师父！这下真完了！好多草籽被雨水冲走了！"

"冲到哪儿，就在哪儿发芽。"师父说，"随缘！"

一个星期过去了，原本光秃秃的地面，居然长出许多青翠的草苗，一些原来没播种的角落，也泛出了绿意。小和尚高兴得直拍手。师父点点头说："随喜！"

随不是随便，是顺其自然，不躁进、不过度、不强求；随不是随便，是把握机缘，不悲观、不慌乱、不忘形；随不是随便，是一种自在的把握，在若有若无之间，把握住了万物的根本。

婴儿生下来不到一百天，手里拿着一个东西时好像很牢，但是他没有用力，安详而宁静却把握得很牢，这就是自在。做人也是同样的道理，在若有若无之间把握住万物的根本，自在自得道。

事能知足心常惬，人到无求品自高

怎样才算得上真正的刚强？南怀瑾告诉我们："有求皆苦，无欲则刚。"

孔子说我始终没有看见过一个够得上刚强的人。有一个人说，申枨不是很刚强吗？孔子说，申枨这个人有欲望，怎么能称得上刚强呢？一个人有欲望是刚强不起来的，碰到你所喜好的，就非投降不可，人要到"无欲则刚"。

所以真正刚强的人是没有欲望的。如果一个人说什么都不求，只想成圣人、成佛、成仙，其实也是有所求，有求就苦。人到无求品自高，要到一切无欲才能真正刚正，才能真正作为一个大写的人，屹立于天地之间。

"事能知足心常惬，人到无求品自高。"这是清代陈伯崖写的一副千古绝对。李叔同曾经写过一首赠友人诗，诗中便引用了该联："今日方知心是佛，前身安见我非僧。事业文章俱草草，神仙富贵雨茫茫。凡事须求恰好处，此心常懔自欺时。事能知足心常惬，人到无求品自高。"这里说的"无求"，不是对学问的漫不经心和对事业的不求进取，而是告诫人们要摆脱功名利禄的羁绊和低级趣味的困扰，有所不求才能有所追求。

林则徐最初在山东济宁当"运河河道总督"时，便立下一块石碑，上面镌刻着这7个大字："人到无求品自高"，一针见血地道出无私无欲的崇高品德，作为自己的座右铭，时刻鞭策自己、激励自己。林则徐面对官场的腐败，风气的污邪，曾语重心长地给在京翰林院任职的长子写过一封书信，信中说："吾儿年方三十，侥幸成务，何德何才，而能居此，唯有一言嘱汝者，服官者应时时作归计，勿贪利禄，恋权位，而一旦归家，则又应时时作用计，勿儿女情长，勿荒弃学业，须磨砺自修，以为旦之为。"林则徐故居厅堂中悬挂着一幅他亲笔所书的格言："海纳百川，有容乃大；壁立千仞，无欲则刚。"

道家说，有所求而无所得，无所求而有所得。表面上看是一种消极的处世态度，静心领悟会发现，这其实是一种深层次的人生哲理。正所谓：山高人为峰，无求品自高。

一位高僧和一位老道，互比道行高低。相约各自入定以后，彼此追寻对方的心究竟隐藏在何处。和尚无论把心安放在花蕊中、树梢上、山之巅、水之涯，都被道士的心于刹那之间，追踪而至。和尚忽悟因为自己的心有所执着，故被找到，于是便想："我现在自己也不知道心在何处。"和尚进入无我之乡、忘我之境，结果道士的心就追寻不到他了。超然忘我，放下得失之心，不苦苦执着于自己的失与得、喜与悲，便不会陷入欲求的痛苦之中。

淡泊明志，宁静致远。拥有一颗宁静的心，我们才能从容地面对自己的生活。很多时候，当我们处在困窘的处境中，似乎会有更多的渴望，然而，太多不切实际的杂念，也往往是我们登上人生顶峰的最大阻碍。这时候，如果你能够让你的心态平静下来，不受外界的干扰，那么你就可以得到你想要的一切。

生者寄也，死者归也

上古得道的人，没有觉得活很痛快，也没有认为死很痛苦，生死已不存在于心中。当尧舜也没有什么高兴，当周公也没有什么了不起；万古留名，封侯拜相，乃至成就帝王霸业，也不觉得有什么了不起，也没有觉得同外界有了距离。嬉笑怒骂均与他人无干，"悠然而往，悠然而来"，对待生死，怡然自得，所谓"采菊东篱下，悠然见南山"便是了。

禹的一句名言点透了生死："生者寄也，死者归也。"活着是寄宿，死了是回家。孔子在《易经·系辞》中说："通乎昼夜之道而知。"明白了黑白交替的道理，就懂得了生死。生命如同夜荷花，开放收拢，不过如此。

生命究竟是什么？有一天，如来佛祖把弟子们叫到法堂前，问道："你们说说，你们天天托钵乞食，究竟是为了什么？"

"世尊，这是为了滋养身体，保全生命啊。"弟子们几乎不假思索。

"那么，肉体生命到底能维持多久？"佛祖接着问。

"有情众生的生命平均起来大约有几十年吧。"一个弟子迫不及待地回答。

"你并没有明白生命的真相到底是什么。"佛祖听后摇了摇头。

另外一个弟子想了想又说："人的生命在春夏秋冬之间，春夏萌发，秋冬凋零。"

佛祖还是笑着摇了摇头："你觉察到了生命的短暂，但只是看到生命的表象而已。"

"世尊，我想起来了，人的生命在于饮食间，所以才要托钵乞食呀！"又一个弟子一脸欣喜地答道。

"不对，不对。人活着不只是为了乞食呀！"佛祖又加以否定。

弟子们面面相觑，一脸茫然，都在思索另外的答案。这时一个烧火的小弟子怯生生地说道："依我看，人的生命恐怕是在一呼一吸之间吧！"佛祖听后连连点头微笑。

生命是虚无而又短暂的，它在于一呼一吸之间，在于一分一秒之中，如流水般消逝，永远不复回。故事中各位弟子的不同回答反映了不同的人性侧面。人是惜命的，希望生命能够长久，才会有那么多的帝王将相苦练长生之道，却无法改变生命是短暂的这一事实；人是有贪欲的又是有惰性的，才会有那么多的"鸟为食亡"的悲剧发生；而人又是争上游的，所以才会有那么多的"只争朝夕"，从不松懈。

的确，生命如同夜荷花，一草一木皆学问。生命是一个过程，功名利禄，富贵荣华，生不带来，死不带去，无人能带走自己一生经营的名利，就让生命自在地绽放、凋谢吧。

一沙一世界，一叶一菩提，生命的收与放，本质都是一样的。面对生死，悠然自得，便是真正懂得了生命。正如丘吉尔谈及死亡时，他说："酒吧关门的时候我就离开。"

生死就是最根本的大问题，所以哲学家常常会思索死亡的问题。所谓"千古艰难唯一死"，如果这一点能够看透的话，人生还会有什么困难呢？老子也曾说过："民不畏死，奈何以死惧之？"如果老百姓不怕死亡，那么你就算用死亡来吓唬他也没有用。

生与死是人生旅途中的一个大转折，生死齐一，齐一生死，有着看透生死的勇气，就等于把人生中的生死问题彻底解决了。

人来到世上是偶然的，走向死亡却是必然的。人生除了生与死能引起几声欢呼、几阵哭泣外，健康活在世上的人很少会想到死亡。因而生活中常可见到一些人，成则轻狂骄妄、得意忘形，败则一蹶不振、沮丧绝望，对得失锱铢必较，对成败患得患失，对诱惑欲壑难填；无论大事小事，整天烦恼、忧愁、痛苦、懊丧，甚至去猜忌、争斗、相互陷害。不识人生之轻重，不辨生命之真谛，真可谓"一叶障目，不识泰山"！

感慨生命的短暂，不是学曹孟德"譬如朝露，去日苦多"的叹息，也不是拾苏东坡"人生如梦"的无奈，更不是看破红尘的消极颓唐。

而是想，人生苦短，生命易逝，今天能健康、自在、安乐地活着，我们就没有理由不去珍重生命、热爱生活、好好活着，过好生命中的每一天。上帝给了我们了不起的生命，就是让我们学会面对生命中的一切，包括生与死的重大问题。如果不给我们生命，连死的机会都没有，现在总算给我们一个死的机会，多可贵呀！这就是看透生死的勇气。

在这个世界上，每一个人最后都不可避免地走向生命的尽头，有的人走得快，有的人走得慢。走得快的人，看透了生死，反而活出了精彩的人生；而走得慢的人，总是想着自己还有足够的时间去实现自己的人生目标，一拖再拖，直到最后仍然没有完成，碌碌无为地度过了自己平庸的一生。这不能不说是生命的一种悲哀。

人，倘若能时常想起死亡，想到每天都有那么多人死去，而自己能健康地活着，一定会感到生命的可贵和生活的可爱，再难处理的事也会变得轻松，人自然而然就会豁达、超脱起来。人只有面对死亡，想到死亡，才能真正冷静理智、大彻大悟、超越自我。

因此，当你得意或失意的时候，请站在生命的制高点上，叩问生死，思考人生。有了看透生死的勇气，才能顺应自然、重生乐生，选择超越自我的人生观，创造超越自我的人生价值。

磨炼福久，参勘知真

《诗经》里说的："如切如磋，如琢如磨。"人还是得像雕刻一样，用后天的努力，激励自己，雕琢自己。做学问要像玉一样地切磋琢磨，这里是用做玉石的方法，切、磋、琢、磨，比喻教育。一个人生下来，要接受教育，要慢慢从人生的经验中体会过来，学问进一步，工夫就越细，越到了后来，学问就越难。

慢慢磨炼自己的心性，慢慢体味人生的味道，慢慢雕琢粗糙的自我。如果你仔细切磋琢磨自己的人生，会发现顽石中隐藏的是连你自己都不曾察觉的美玉。如果你自己不精雕细琢，安于粗陋的人生，那么终将平庸一世。

一个天资聪慧的男孩，从小到大一直十分出色，后来以高分考上了一所名校，对自己的前途充满了信心。在别人眼中，他一定能成大器。大学毕业后他被分到一家不太景气的企业，待遇不好，他上了两年班就辞职创业，开了一家商店，但是由于资金不足又缺少从商经验，经营一直不顺，最终他决定放弃了。

虽然他经商不顺，但随后上帝还是眷顾了他，一家知名企业招聘管理人员，由于他丰富的经历、活跃的思维、朋友的引荐，他在众多应聘者当中脱颖而出。企业待遇很好，工作清闲，收入高，也没有什么压力，在这样轻松的工作环境中，他感到十分惬意。他每日都心安理得地过着这样轻松自在的生活，工作上日复一日没有什么创新。一年以后，以前的同学见到他，都说他有些变了。

时光飞逝，十年过去，同学聚会时，大家见到他都很吃惊，他和以前大不一样了，人不仅没有精神，而且说话办事慢慢吞吞、暮气沉沉，过去那种朝气蓬勃、充满活力的精气神消失殆尽。不少同学经过艰苦的打拼都有所成就，只有他还是一个普通的科员……

一个人的思想和意志不得到磨炼，就不可能有积极向上的动力，人总是好逸恶劳的，不磨炼自己的意志力，就会在平庸的人生中安于现状，就不会获得内心真正的幸福和享受；就会在安逸的环境里失去自我，最终一事无成，使自己的人生暗淡无光。

提到正身做人，想到了雕砚。砚石最初都是工匠从溪流里涉水挑选而来，石块呈灰，运回后首先需要暴晒，因为许多石头在溪流里十分精致，却有难以察觉的裂痕，只有经过不断的日晒雨淋才能显现。未经打磨的石头，表面粗糙，不容易看出色彩和纹理，只有在切磨打光之后，才能完美而持久地呈现。雕砚最重要的一步就是修底，因为底不平，上面不着力，就没有办法雕好，无论多么细致的花纹与藻饰，都要从最基础的地方开始。

做人也是如此，无论表面怎么拙陋，经过琢磨，都会呈现美丽的纹理。从生活中历练，正如同在雕砚时磨砺，外表敦厚内心耿介的君子，经过心志与肌体的劳苦之后，方能承担大任。修底与磨砺都是正身的过程，戒与慎则是正身的方法。

生活对于每个人来说，蕴藏着无限的哲理与深意，它就像一本大书，只有用心去读，才能品味到生活中处处有学问、处处有真理。只有感悟了生活中的真理，眼光才能看得更远，深知了生活中的诀窍，才能活得自在、洒脱、游刃有余。生活里充满智慧与学问，只有用心去领悟，才能体验到自在的真谛。

人生是要经过磨炼的，不经过反复的磨炼，就会使自己永远停留在原始的状态，无论在怎样的环境里都要精心琢磨，否则就不可能改变自己的人生，创造自己的价值。"一苦一乐相磨炼，炼极而成福者，其福始久；一疑一信相参勘，勘极而成知者，其知始真。"

心无执着，清虚空灵

人们常常执着于某种念头，不到黄河心不死，却往往忽视了生命中的追之不及。

宇宙生命的来源，本来是清虚的。"本来无一物，何处惹尘埃？"既然一切皆为清虚，又何必对什么事都抓得很牢，执着而不肯放手呢？

有两个不如意的年轻人，一起去拜望一位禅师："师父，我们在办公室被人欺负，太痛苦了，求您开示，我们是不是该辞掉工作？"两个人一起问。禅师闭着眼睛，隔了半天，吐出五个字："不过一碗饭。"就挥挥手，示意年轻人退下了。

回到公司，一个人递上辞呈，回家种田，另一个人却没动。日子真快，转眼十年过去。回家种田的，以现代方法经营，加上品种改良，居然成了农业专家；另一个留在公司里的，也不差，他忍着气、努力学，渐渐受到器重，后来成为经理。

有一天两个人相遇了，"奇怪！师父给我们同样'不过一碗饭'这五个字，我一听就懂了，不过一碗饭嘛！日子有什么难过？何必硬巴着公司？所以辞职。"农业专家问另一个人，"你当时为什么没听师父的话呢？""我听了啊！"那经理笑道，"师父说'不过一碗饭'，多受气、多受累，我只要想'不过为了混碗饭吃'，老板说什么是什么，少赌气、少计较，就成了！师父不是这个意思吗？"两个人又去拜望禅师，禅师已经很老了，仍然闭着眼睛，隔半天，答了五个字："不过一念间。"然后，挥挥手……

对于人来说，没有一样东西是可以完完全全、真真正正抓住的，无论是物，还是人，因此不必斤斤计较、刻意追逐。对于不生不灭的生命本源，要把握得住，要认识得透彻，才能够善始善终。"不知常，妄作凶"，醉生梦死，碌碌无为，终将痛苦离去。想要抓住一切，往往什么都抓不住。

有一则小故事，讲的是一个颇有人气的电视娱乐节目，节目内容是数钞票。主持人拿出一大沓钞票，币值大小不一，杂乱重叠，现场选拔4名观众在规定的3分钟内进行点钞比赛，谁数得最多，数目又最准确，就将获得自己刚刚数得的现金。现场气氛火爆，游戏开始，四个人开始埋头数钞，而主持人则轮流对参赛者提问以打断其思路，参赛者只有在答对题目的情况下才能继续。时间一晃而过，4位观众手里各拿了厚薄不一的一沓钞票。主持人拿出一支笔，让他们写出刚才所数钞票的金额。第一位3658元；第二位5942元；第三位2833元；第四位896元。4位观众所数钞票的数目，相去甚远，台下的人都摇头嘲笑第四位观众的"业绩"。随后，主持人开始当场验证所数钞票数目的准确性。众目睽睽之下，主持人把4名参赛观众所数的钞票重数了一遍，正确的结果分别是：3659、5842、2838、896。只有数得最少的第四位完全正确，众人感叹不已。主持人最后告诉大家一个秘密：自从节目开办以来，在这项角逐中，所有参赛者所得的最高奖金，从来没人能超过1000元。

知"常"就要把握住道的本源，这样才能真正懂得做人做事的道理，许多事不过就在一念间，过分的偏执，只会让自己失去更多。

从缺憾中领略完美人生

人生的剧本不可能完美，但是可以完整。当你感到了缺憾，你就体验到了人生五味，你便拥有了完整人生——从缺憾中领略完美的人生。

凡是做人做事，国家大事乃至朋友之间的个人小事，很少有一切事情的成功永远是高兴的、圆满的。这就是佛学说的道理：娑婆世界，万事都有缺陷，没有一个是圆满的。人世间做人做事之难，也在于任何事都很少有真正的圆满。

有时候，一时的丰功伟绩，从历史的角度看，却恰恰相反。乾陵有一块"无字碑"，也称丰碑，是为女皇武则天立的一块巨大的无字石碑。据说，"无字碑"是按武则天本人的临终遗言而立的，其意无非是功过是非由后人评说。武则天辉煌一时，临终前在经历了被逼退位之后，便预见到她身后将面临的无休止的荣辱毁誉的风风雨雨。所以做人做事，不管成功也好，失败也好，能不管成功与失败，做到没有后患的，只有最高道德、得道的人才能够做到，普通人不容易做到，这就是人生在世的最高处。

世上难有真正的圆满，偶尔一时的缺陷与失落，有时或许会是命运的转折。

从前有个国王，他有7个女儿，7位公主各有1000支用来整理她们头发的扣针，每一支都是镶有钻石且非常纤细的银针，扣在梳好的头发上就好像闪亮的银河上缀满了星星。有一天早晨，大公主梳头的时候，发现银针只有999支，有一支不见了，她困惑烦恼不已，但她自私地打开二公主的针箱，悄悄地取出一支针。二公主也因为少了一支银针而从三公主那里偷了一支，三公主也很为难地偷了四公主的针，四公主偷了五公主的，五公主偷了六公主的，六公主又偷了七公主的，最后被连累的是七公主。

　　正好第二天国王有贵宾要从远方来，七公主因为少了一支银针，剩下一把长发无法扣住，她整天都焦急地跟侍女在找银针，甚至说："假如有人找到我的银针，我就嫁给他。"第二天，从远方来的贵宾——一位王子，手里拿着一支银针，他说："淘气的小鸟在我狩猎的帽子里筑了巢，我发现里面有一支雕有贵国花纹的发针，是不是其中一位公主的？"六位公主都吵闹、焦急起来，知道那一支银针是自己失落的，可是她们的头发都用 1000 支银针梳得像银河一样美丽。"啊！那是我掉的银针！"躲在屋里的七公主急忙跑出来说。可是王子非但没有还七公主银针，还出神地吻了她，七公主未梳理的长发瀑布一样垂到脚跟闪亮着……

　　每个人在人生的旅途中，都会经历许多不尽如人意之事，拥有 1000 支银针的公主，并不能保证比失落了银针的公主拥有更好的命运。偶然的失落与命运的错失本来是具有悲剧色彩的，但是因为命运之手的指点，结局反而会更加圆满。如果懂得了圆满的相对性，对生命的波折，也就能云淡风轻，处之泰然了。

　　人活在世，每个人都在争取一个完满的人生。然而，自古及今，海内海外，一个 100% 完满的人生是没有的，其实，不完满才是人生。正如西方谚语所说："你要永远快乐，只有向痛苦里去找。"你要想完美，也只有向缺憾中去寻找。

　　《圣经》中说，人生来就是有罪的，这就是原罪。其实人生来不是有罪，而是有缺憾、不完美、不圆满，也就是说人生来就有业，有善业、恶业，以及不善不恶的无记业，这个业不是罪，而是一股力量，牵着你跑。从某种意义上说，这正是一个人灵魂飞升的动力所在。

大梦谁先觉

《庄子·齐物论》中对梦有一段解释："梦饮酒者，旦而哭泣；梦哭泣者，旦而田猎。方其梦也，不知其梦也，梦之中又占其梦焉，觉而后知其梦也。且有大觉而后知此其大梦也，而愚者自以为觉，窃窃然知之，君乎，牧乎，固哉！"

"梦饮酒者，旦而哭泣。"古人梦到喝酒，不一定是高兴的事，白天可能触霉头。古语常言："梦死得生。"梦到坏的，往往白天遭遇好事，即梦大多是与现实相反的。"梦哭泣者，旦而田猎。"有人梦到痛苦的事，白天可能有人请你去打猎。"方其梦也，不知其梦也"，做梦时绝对不知道自己在做梦，"觉而后知其梦也"，醒来才知在做梦。

人生就是一个大梦，醒时做白日梦，睡时做黑夜梦，现象不同，本质一样，夜里的梦是白天梦里的梦，如此而已。什么时候才真正不做梦呢？必须得道，只有"大觉而后知此其大梦"，大彻大悟大清醒以后，便会顿悟人生不过是一场"大梦"。《三国演义》中诸葛亮诗云："大梦谁先觉，平生我自知。草堂春睡足，窗外日迟迟。"这便是道家思想境界的文学。

"'愚者'常自以为是，窃喜自己的清醒，其实像牧童放养的牛一样，被人牵了鼻子走。"这句话是在告诫世人，本来天地间无主宰，没有人能够牵着你，可你自己却被它限制了，自己不做自己生命的掌控者，不懂人生，实在是冥顽不灵、顽固不化。

人生不过一场梦，空留慨叹在人间。中国古代流传了许多"恍然如梦"的故事，读来让人回味悠久。

相传，唐代有个姓淳于名棼的人，嗜酒任性，不拘小节。一天适逢生日，他在门前大槐树下摆宴和朋友饮酒作乐，喝得烂醉，被友人扶到廊下小睡，迷迷糊糊仿佛有两个紫衣使者请他上车，马车朝大槐树下一个树洞驰去。但见洞中晴天丽日，别有洞天。车行数十里，行人不绝于途，景色繁华，前方朱门悬着金匾，上书"大槐安国"，有丞相出门相迎，告称国君愿将公主许配，招他为驸马。淳于棼十分惶恐，不觉已成婚礼，与金枝公主结亲，并被委任"南柯郡太守"。淳于棼到任后勤政爱民，把南柯郡治理得井井有条，前后20年，上获君王器重，下得百姓拥戴。这时他已有五子二女，官位显赫，家庭美满，万分得意。

不料檀萝国突然入侵，淳于棼率兵拒敌，屡战屡败，公主又不幸病故，淳于棼连遭不测，失去国君宠信，后来他辞去太守职务，扶柩回京，心中郁郁寡欢。后来，君王准他回故里探亲，仍由两名紫衣使者送行。车出洞穴，家乡山川依旧。淳于棼返回家中，只见自己睡在廊下，不由得吓了一跳，惊醒过来，眼前仆人正在打扫院子，两位友人在一旁洗脚，落日余晖还留在墙上，而梦中好像已经整整过了一辈子。淳于棼把梦境告诉众人，大家感到十分惊奇，一齐寻到大槐树下，果然掘出个很大的蚂蚁洞，旁有孔道通向南枝，另有小蚁穴一个。梦中"南柯郡""槐安国"，其实原来如此！

故事恐怕大家都听过，但读来仍别有意味，真正参透梦境、参透人生之人又能有几个？说到"大梦谁先觉"，又想到了禅宗中著名的"桶底脱落"。某日，清了禅师在厨房看到一位弟子在倒水，忽然水桶的底掉了，整桶水全洒了。众人见状说："好可惜啊！水全洒了！"可是，禅师却说："桶底脱落是件好事啊！各位为什么烦恼呢？扶持旧桶，桶底呼脱，桶底无水，水中无月。"

想想，桶底都掉了，桶中还有什么呢！什么都没有，而且东西再也装不进去，岂不是很好。"桶底脱落"是顿悟的境界，"大梦先觉"也是醒悟的表现，人生恍然如梦，一樽还酹江月。正是：锦样年华水样过，轮蹄风雨暗消磨。仓皇一枕黄粱梦，都付人间春梦婆。

勿忘初心

大道无名，并非一般凡夫俗子心中的常道，人们为形而上道建立起一个至真、至善、至美的名相境界，反而偏离了道的真义。

有真善美，便有假恶丑；有天堂，便有地狱；有极乐世界，便有无边苦海。有人甘愿沉沦于罪恶的地狱，有人情愿沐浴在无边苦海，二中取一，便是背道而驰；两两相忘，才是道有所成。不执着于真假、善恶、美丑，便可得其道妙而逍遥自在。

东施效颦的故事，大家都耳熟能详，《庄子》外篇《天运》中讲述了这则寓言：春秋时，越国有个名叫西施的姑娘，容貌娇美，举止动人，西施素来有个心口疼痛的疾病，犯病时总是用手按住胸口，紧皱眉头。在旁人眼中，她的病容却别有一番韵味，惹人怜爱，楚楚动人。邻里有个丑姑娘叫东施，一次在路上碰到西施，见其手捂胸口，紧皱眉头，路人交口称赞其美貌。她想，难怪人们都说西施漂亮，原来是要做出皱眉抚胸的姿势，于是她便模仿西施的病容。结果人们见了原来就丑的她，现在变成这种疯疯癫癫的样子，仿佛见了鬼一样，赶紧把门关上。

其实，美丑、善恶没有绝对标准。建立一个善的典型，善便会为人利用，成为作恶多端的挡箭牌；建立一个美的标准，便会出现"东施效颦"的陋习。"善之为善，斯不善矣"，引申开来便是庄子所说的"为善无近名，为恶无近刑"。与其信奉"善有善报，恶有恶报"，不如祈求"愿天常生好人，愿人常做好事"。

自形而上道的无名开始，一直到形而下的名实相杂，再到"同出而异名"因果相对的道理，自始至终，都是要人勿做祸首、莫为罪魁的教示。与其为真善美设立一个评定标准，不如坚持本性中纯朴的东西，清水出芙蓉，天然去雕饰，不执着于种种限制，方能体会道的本意。

有一则小故事，其蕴含的哲理从另一个角度讥讽了世间"东施效颦"的闹剧。

从前，有一位闻名遐迩的画家，备受赞誉，画家受到了许多肯定与赞扬，希望自己能在艺术的殿堂中更上一层楼，于是决定创作一幅尊贵的佛陀画像。由于佛陀没有真实形象，因此画家花了数年时间，慎重寻找自己理想中的模特，最后他找到一位相貌庄严、轮廓分明、清净明澈的年轻人，画家认为这就是他所想表达的圣人形象，于是他重金聘请这位年轻人当模特。果然，这幅画展出后，轰动了艺术界，画家被更多的鲜花与赞美包围。一段时间后，画家又想：如何能够突破自己已有的高度呢，唯一的方法就是用美与丑的极端对比营造出强烈的艺术效果。佛陀是最庄严的，而恶魔最丑陋，那么接下来是不是应该画一幅最丑陋的恶魔像？

坚定信念后，画家开始寻找一位相貌极端丑恶的人，誓要画出人间最凶恶、让人看了心惊肉跳的邪恶形象，这一找，又是多年。就在画家寻觅未果想要放弃的那一刻，他终于在监狱中找到一名与他心中所想十分契合的死刑犯。当画家快要画完的时候，这名死刑犯忍不住哭了出来，说："几年前，我就曾经当过你的模特，那时你画的是佛像；几年后，你画恶魔，竟然再次选中我。"

画家听了，整个人愣住了，他说："怎么会这样啊？你以前看起来庄严光明，为什么会沦落到如此境地？"死刑犯告诉他："那时你画完之后，许多人都十分推崇我，名利随之而来，我想要充分享受人生的快乐，谁想到吃喝玩乐将钱财挥霍一空后竟沾染了种种恶习，造下无边罪孽，才落得今天的下场。"

俗话说，相由心生。昔日，这位年轻人的心清净明澈，无私无欲，没有迷失，所以能成为佛画像的模特；后来迷失于善恶之间，一遭沦陷，无法自拔。画家为了将善淋漓尽致地描绘出来，求善之举最终却造就了一个迷失的灵魂。

其实每个人的本性都没有差别，所谓"人之初，性本善"，人一生下来本就具有纯真的内心，只不过被后天的欲念所玷污，变得争权夺利、事事计较，或因一时糊涂一步踏错，步步皆错。然而在这茫茫尘世中轮回漂泊，又有几个人的心能够不被欲念沾染？保持一颗原有的初心，不要为世俗制造善恶美丑的标准，才能避免人们在标准中迷失自我。

若无西施之美，又哪会有东施的闹剧？自然而然，保持初心，坚守本性，若人人皆能如此，世间必是一片祥和。

禅中说，人生有三重境界：看山是山，看水是水；看山不是山，看水不是水；看山还是山，看水还是水。

"看山是山，看水是水"，是说一个人在涉世之初纯洁无瑕，目光所及之处一切都新鲜有趣，眼睛看见什么就是什么。"看山不是山，看水不是水"，是因为随着年龄渐长，阅历渐丰，日渐发现世事的繁杂，不愿再轻易相信什么，山不再是单纯的山，水也不再是单纯的水。如果一个人长期停留在人生的第二重境界中，便会这山望着那山高，斤斤计较，与人攀比，欲望的沟壑越来越深，就在此境界中到达了人生的终点。这也就是为什么许多人在俗世中迷失了自己，在疲于奔命的路上终结了自己的一生。"看山还是山，看水还是水"，第三重境界并非人人都能达到，这是一种拨云见日的豁然开朗，是本性与自然的回归，心无旁骛，只做自己该做的，面对芜杂世俗之事，一笑而过，笑看世间风云变幻，只求从从容容、平平淡淡，因此，看到的又是山水的本来面目。

但愿每个人都能回归到"看山是山，看水是水"的自然本性，不要让表面的美与丑遮掩住原本的初心。

第二章

用一生的时间来悟"道"

用你自己的一半去获取上帝手中的另一半

中国历史上常说"盖棺定论",人生要在最后看结论,要在经历了艰难困苦以及许多是非曲折之后才能得到一个人的最终表现。

历史上有一件关于孟子和朱元璋的趣事。

相传,朱元璋当了皇帝以后,内心非常讨厌孟子,认为孟子不配"亚圣"的称号,也不应该把他的牌位供在圣庙里,因此,他下旨取消孟子配享圣庙之位。到了晚年,他的年事阅历多了,读到《孟子》的"故天将降大任于斯人也,必先苦其心志,劳其筋骨,饿其体肤,空乏其身,行拂乱其所为,所以动心忍性,曾益其所不能。人恒过,然后能改;困于心,衡于虑,而后作;征于色,发于声,而后喻。入则无法家拂士,出则无敌国外患者,国恒亡。然后知生于忧患,而死于安乐也"一节,情不自禁地拍案叫好,认为孟子果然不失为圣人,是"亚圣",于是又恢复了孟子配享圣庙之位。

人生是一场长途旅行,途中的艰难困苦是一种磨砺,更是一种财富。

"子曰:岁寒,然后知松柏之后凋也。"人格坚定的人在时代的大风浪来临时,人格还是岿然不动摇,不受物质环境影响,不因社会时代不同而变动。

持之以恒的人会在人生的后程发力,经过长时间的积蓄,厚积薄发,往往能笑到最后。

简单来说,人生的定论总要在经过一定事情之后才能得出,而不由个人的禀赋决定。莎士比亚说过,斧头虽小,但经过多次劈砍,终究能将一棵最坚硬的橡树砍倒。

有一个年幼的孩子一直想不明白自己的同桌为什么每次都能考第一，而自己每次却只能远远排在他的后面。回家后他问道："妈妈，我是不是比别人笨？我觉得我和他一样听老师的话，一样认真地做作业，可是，为什么我总比他落后？"妈妈听了儿子的话，感觉到儿子开始有自尊心了，而这种自尊心正在被学校的排名伤害着。她望着儿子，没有回答，因为她不知该怎样回答。

又一次考试后，孩子进步了，考了第20名，而他的同桌还是第一名。回家后，儿子又问了同样的问题，妈妈真想说，人的智力确实有高低之分，考第一的人，脑子就是比一般的人灵。然而这样的回答，难道是孩子真想知道的答案吗？她庆幸自己没说出口。应该怎样回答儿子的问题呢？有几次，她真想重复那几句被上万个父母重复了上万次的话——你太贪玩了；你在学习上还不够勤奋；和别人比起来还不够努力……以此来搪塞儿子。然而，像她儿子这样脑袋不够聪明、在班上成绩不甚突出的孩子，平时活得还不够辛苦吗？所以她没有那么做，她想为儿子的问题找到一个完美的答案。

儿子小学毕业了，虽然他比过去更加刻苦，但依然没赶上他的同桌，不过与过去相比，他的成绩一直在提高。为了对儿子的进步表示赞赏，她带他去看了一次大海。就在这次旅行中，这位母亲回答了儿子的问题。母亲和儿子坐在沙滩上，她指着海面对儿子说："你看那些在海边争食的鸟儿，当海浪打来的时候，小灰雀总能迅速地起飞，它们拍打两三下翅膀就升入了天空；而海鸥总显得非常笨拙，它们从沙滩飞向天空总要很长时间，然而，真正能飞越大海横过大洋的还是它们。"

很多人终其一生的努力，也未必能得到成功的回报，然而，他们却无憾无悔于生命。因为他们从未慵懒过，且一刻也不撒手地抓牢了春藤般的年轻岁月。

人的成长是一个漫长的较量，能否取得最后的胜利，不在于一时的快慢。如果你能够在自己成长的道路上静下心来，遇到困难不气馁、不灰心，矢志不渝地前进，那么最终你必将获得最后的胜利。

　　人生难下定论，命运自己书写。等你年老的时候，回首往事，就会发觉，命运有一半在你手里，只有另一半才在上帝的手里。你一生的全部就在于：运用你手里所拥有的去获取上帝所掌握的。

用一生的时间来悟"道"

道究竟从何而来？庄子所谓"自本自根"：道在哪里，道就在你自己那里，这是自己本来就有的，只不过没有悟出来而已。

名师传道，不过是老师把自己的经验告诉你而已，你依据其教授的经验去做，找出所求的道。人生是一所大学，生活本身是老师，他可以教你很多东西，但学习的过程却是漫长而艰辛的，或许终其一生也未必能真正领悟。只有当人生经历过一定的情感变化、世事变迁、人情冷暖，才能体会出个中滋味。

《庄子》一书中记载了许多"其艺通神"的工艺巧匠的寓言故事，借以抒发庄子内心的情怀和艰难思索后的哲学结论。其中有这样一则意味深远的故事，读来让人回味良久。

齐桓公在堂上读书，木匠在堂下做车轮子。木匠停住手中的活儿问桓公："您读的是什么？"桓公漫不经心地说："圣人之言。""圣人还活着吗？"桓公说："已经死了。""那么说您读的只是古人留下的糟粕了！"桓公听了大怒，说道："我在这里读书，你有什么资格说三道四？今天如果说出个子丑寅卯倒还罢了，否则就处你死刑。"木匠不慌不忙地来到堂上，对齐桓公说："我这道理是从做车轮中体会出来的。榫眼松了省力而不坚固，紧了则半天敲打不进去；我可以让榫眼不松不紧，然后不慌不忙地敲进去，得之于手而应之于心，嘴里虽然说不出这松紧的尺寸，心里却是非常有数的。我心里这个'数'，无法传给我的儿子，儿子也无法从我这里继承下去。所以我都60岁了，还在这里为您做车轮子。圣人已经死了，他所悟出来的最深刻的道理也随着他的死亡而消失了，能够用语言表达出来的，只能是浅层次的道理。所以我说您读的书只不过是古人留下的糟粕罢了。"

道，妙不可言，需要自己慢慢领悟，能说出来的，便已与大道有所偏差了。因此，修道不可执着于道的名相，不然只会流于表面。

有一位小沙弥问禅师说："我们寺内，千百年以来出了数不尽的得道高僧，佛堂内化育过无数众生，可是，我们佛桌上那只木鱼听过那么多经书，受过如此多佛号，为什么至今仍是只木鱼而不能成佛呢？"

禅师微微一笑问他："你来这里多久了？"

小沙弥说："已经两年了。"

禅师问："那你懂不懂得念经？"

小沙弥说："懂。"

禅师问："懂不懂得礼佛？"

小沙弥说："懂。"

禅师问："懂不懂得修持？"

小沙弥说："懂。"

禅师笑了起来，说道："你看你自己说了那么多'懂、懂、懂'，那你成佛了没有？"小沙弥脸红地说："还没有。"禅师语重心长地说："这就对了，那只木鱼说了无数声的'咚、咚、咚'，毕竟永远是只木鱼，因为佛法不是说出来的，而是悟出来的。"

人生道理，处世经验，做事心得，都不是简简单单能够学到的，"道"是悟出来的，大多数人要用一生的时间来领悟。

打破冥顽终须悟，好比佛家所说的"瓦片磨不成镜子，坐禅成不了佛"。佛法如此，道亦如此，莫可名状，只要心领神会。道就一个悟字，悟透了才是悟，否则就是误，做人做事，也是如此。

满招损，谦受益

"子曰：学如不及，犹恐失之。"真正为学问而学问，就会永远觉得自己还不够充实，还有许多进步的空间。

求学问要随时感觉到不充实，以这样努力的求学精神，还怕原有的学问修养会消失吗？如果没有这样的心情，懂了一点就心满意足，则会很容易退步。

梁启超是中国近代著名的学者和社会活动家，1920 年以后他退出了政治舞台，专心致力于学术研究，在社会科学的众多领域里，都取得了令人刮目的成就。但梁启超的朋友周善培直言不讳地批评他的文章。周善培说："中国长久睡梦的人心被你一支笔惊醒了，这不待我来恭维你。但是，写文章有两个境界：第一步你已经做到了，第二步是能留人。司马迁死了快 2000 年，至今《史记》里的许多文章还是百读不厌。你这几十年中，写了若干篇文章，你想想看，不说读百回不容易，就是使人能读两回三回的能有几篇文章？"

梁启超听了这么刺耳的话，犹如挨了当头一棒。但他毫不生气，反而很虚心地向老朋友请教："你说文章怎样才能留人呢？"周善培很认真地回答："文章要留人，必须要言外有无穷之意，使读者反复读了又读，才能得到它的无穷之意，读到 99 回，无穷的还没有穷，还丢不下，所以才不厌百回读。如果一篇文章把所有意思一口气说完了，自己的意思先穷了，谁还肯费力再去搜求，再去读第二回呢？文章开门见山不能动人，一开门就把所有的山全看完，里面没有丘壑，人自然一看之后就掉头而去，谁还入山去搜求丘壑呢？"梁启超觉得周善培分析得透彻精当，很有见地，击中了自己文章的要害，所以，他连声称谢，虚心接受。从此，梁启超写文章更加精益求精，下了一番功夫，果然受益匪浅。

学习如逆水行舟，不进则退。只有虚心学习，不断地充实自己，才能够精益求精，不断进步。如果只是粗通了一点皮毛就骄傲自满，只会阻碍自己前进的步伐。

子夏曰："日如其所亡，月无忘其所能，可谓好学也已矣！"每个人都有自身缺乏的东西，一个人应该每天反省自己所欠缺的，切忌认为自己有了一点知识就自满自足。人们必须每天补充自己所没有的学问，日积月累，持之以恒，月月温习以往的知识，不忘记所学的，这样才算是真正的好学。

自省拭心心自明，每个人都应对自己有个明确的了解，每日三省自身，找出自己欠缺的东西。通常人们都会犯自满的错误，在自己到达一定程度时总以为自己已无人能及，但当你静下心来走出自己设定的樊篱，便会达到一个新的高度。站得越高，越会感到自我的渺小。

南隐是日本明治时代著名的禅师，他的一杯茶的故事常常为人所津津乐道。一日，一位大学教授特地来向南隐问禅。南隐以茶水招待，他将茶水注入这个访客的杯中，杯满之后他还继续注入，这位教授眼睁睁地看着茶水不停地溢出杯外，直到再也不能沉默下去了，终于说道："已经满出来了，不要倒了。"南隐意味深长地说："你的心就像这只杯子一样，里面装满了你自己的看法和主张，你不先把自己的杯子倒空，叫我如何对你说禅？"

"满招损，谦受益"是圣古先贤留给后人的一句可以千年护身的箴言。谦恭有礼、虚怀若谷，好比打开心灵之门，能迎来更广阔、更完美的人生境界。虚怀若谷，不仅是佛学的禅义，更是人生的至理名言。心太满，什么东西都进不去；心不满，才能有足够的充实空间。这便是"学如不及，犹恐失之"的真义。

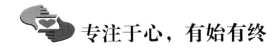 **专注于心，有始有终**

人生中的大原则，一言概之：心无旁骛，一门深入。

《庄子·人间世》中有这样一句话："夫道不欲杂，杂则多，多则扰，扰则忧，忧而不救。""夫道不欲杂"，这里提及的"道"不是形而上的道，而是人生的大原则。生于天地，立于人世，不管做哪一行，无论做任何事，都要精神专一，有始有终。修行之人想得自在、修成正果，须一门深入，方法毋杂。方法多了，智慧不及，不能融会贯通，反而一无所成。

昭文、师旷、惠子这三位历史上的音乐巨匠，其音乐造诣已达到入道的境界，正所谓"此曲只应天上有，人间哪得几回闻"。他们音乐成就的登峰造极源于其个人所"好"，任何学问，任何东西，"知之者，不如好之者"，专注于心，必有所成。留名万世的学有专长之人，都是由于其对某一领域有所偏好，专注于心，穷根究底，终于"守得云开见月明"。

有这样一则故事：相传一位得道高僧来到一座无名荒山，山间茅屋中闪烁金光，高僧料定此间必有高人，遂前往一探究竟。原来，茅屋中有一位老人，正在虔诚礼佛。老人目不识丁，从未研读佛经，只是专注地念着大明咒："唵嘛呢叭咪吽。"高僧深为老人的修为所动，只是他发现老人将六字真言中的两个字念错了，他指点了老人正确的梵音读法后便离开了，想老人日后的修为定能更上一层楼。然而，当一年后，他再次来到山中，发现老人仍在屋中念咒，但金光已不再。高僧疑惑万分，与老人攀谈得知，老人以往念咒专心致志、心无旁骛，而得高僧指点后总是过于关注其中两字的读法，不由得心绪烦乱。

做人做事的道理也是一样。"杂则多"，欲望多了，懂得多了，有时便会流于表面，不专一，不深入，博而不专；"杂则多，多则扰"，考虑得太多，困扰了自己，也困扰了他人；"扰则忧，忧而不救"，思想复杂了，烦恼太多了，痛苦太大了，连自己都救不了，又何况他人？正所谓："一屋不扫，何以扫天下？"

博而不专，三心二意，是人们的通病。《荀子·劝学》《礼记·劝学》以及东汉蔡邕《劝学篇》中都提到了一种小动物——"多才多艺"而又样样"稀松平常"的鼯鼠。

"鼯鼠五能不能成一技。五技者，能飞不能上屋，能缘不能穷木，能泅不能渡渎，能走不能绝人，能藏不能覆身是也。"能飞却飞不过屋顶；能攀而攀不上树梢；能游而游不过小水沟；能跑而赶不上人走；能藏而不能"覆身"。这就是五技而穷的鼯鼠的悲哀。

专注于心是做人做事的大原则，博而不专，杂而不精，必会制约人生发展的高度。

世界上有座"人人都是语言学家的城市"，然而，就是这座每位市民至少都会三种语言的城市，却从来没有出现过一个大文豪。

这个以语言见长的国家即卢森堡，它处于欧洲"十字路口"，夹在德、法、比三国当中，人口仅40万，其中外籍人口占26%。其首都卢森堡市，有8万人，是欧洲金融中心和钢铁基地之一，外国人占的比例更高。由于对国外经济的依赖性，在卢森堡，每人精通三种语言是未出娘胎就注定的。

当婴儿牙牙学语时，母亲首先教其说本国的卢森堡方言，这是国人日常交谈的口语；进入幼儿园后开始学德语和法语，因为二者是官方语言，而德语更是教学宣教的语言，不懂德语就不能跟着神父念圣经唱圣诗；小学同时用德、法两种语言授课；中学修第三门外语，如英语、拉丁语等，因为国内没有大学，要深造必须出国留学。

在卢森堡，约定俗成的是，报纸用德文出版，杂志用德、法文出版，学术杂志只有法文。广播用德、法语，电视用法语。招牌、菜名、各种票证、车票、单据也是法文。议会辩论语言只许用法、卢语两种。法庭审讯犯人使用卢语，宣判用法语，判决书用德文打印……走进一户人家，你会看到父亲在读德文报，儿子在念法文书，女儿在唱英文歌，母亲在用卢语唠叨。

　　对于外国人高度赞美的语言水平，卢森堡人却不以为然，他们埋怨为了谋职和生存，将大半精力都消耗在三四种语言的学习运用上，满脑子的单词、音符。虽然他们懂得的语言多，但能够真正精通的却太少。透视卢森堡，该国之所以难以诞生一个文学巨匠，并非是其文化底蕴的匮乏，而是各种泛滥的语言阻碍其走进文学殿堂的纵深处。

　　每个人都应能掌控住人生的大原则，专注于心，有始有终，不要像五技而穷的鼯鼠，在关键时候没有一样能够拿得出手。

流水不腐，户枢不蠹

　　时时修用万古新，是做人做事的准则。对此，老子在《道德经》中提出一个"用之不勤"的说法，何谓"用之不勤"呢？临济义玄禅师的一首诗偈给我们做出了阐释。诗云："沿流不止问如何？真照无边说似他。离相离名人不禀，吹毛用了急须磨。"

　　沿流不止，是指人的思想情绪、知觉感觉，素来都是随波逐流的，被外境牵引着顺流而去，自己无法把握中止。如果能虚怀若谷，对境无心，反求诸己，便能照见心绪的波动起灭。"道"本来便是一个离名离相的东西，修与不修，都说不上对与错。吹毛立断指宝剑的锋刃，一把极其锋利的宝剑，拿一根毫毛，挨着它的锋刃吹一口气，这根毫毛立刻就可截断。然而，虽说其锋刃快利，无以复加，但无论如何，一经动用，必有些微的磨损。用得太勤，便是多用、常用、久用，如此一来，便会违反"绵绵若存"的绵密妙用了。如若久用、勤用、常用、多用，那利剑也会慢慢变成钝铁。因此，即便是吹毛可断的利剑，也要一用便加修整，随时保养，才能使它万古常新，"绵绵若存"。这就是"用之不勤"的最好说明。

　　一位老人和他的小孙子住在肯塔基西部的农场。每天早上，老人都坐在厨房的桌边读《圣经》。一天，他的孙子问道："爷爷，我试着像你一样读《圣经》，但是我不懂得《圣经》里面的意思。我好不容易理解了一点儿，可是我一合上书便又立刻忘记了。这样读《圣经》能有什么收获呢？"老人安静地将一些煤投入火炉，然后说道："用这个装煤的篮子去河里打一篮子水回来。"

　　孩子照做了，可是篮子里的水在他回来之前就已经漏完了。孩子一脸不解地望着爷爷。老人看着他手里的空篮子，微笑着说："你应该跑快一点儿。"说完让孩子再试一次。这一次，孩子加快了速度，但是篮子里的水依然在他回来之前就漏光了。他对爷爷说道："用篮子打水是不可能的。"说完，他去房间里拿了一个水桶。老人说："我不是需要一桶水，而是需要一篮子水。你能行的，你只是没有尽全力。"接着，他来到屋外，看着孩子再试一次。现在，孩子已经知道用篮子盛水是行不通的。尽管他跑得飞快，但是，当他跑到老人面前的时候，篮子里的水还是漏光了。

孩子喘着气说："爷爷，你看，这根本没用。""你真的认为这一点儿用处都没有吗？"老人笑着说，"你看看这篮子。"孩子看了看篮子，发现它与先前相比的确有了变化。篮子十分干净，已经没有煤灰沾在竹条上面了。"孩子，这和你读《圣经》一样，你可能什么也没记住，但是，在你读《圣经》的时候，它依然在影响着你，净化着你的心灵。"

不要认为每次磨砺与拂拭都是在做无用功，其实潜移默化之中，这些行为都在净化着你的心灵。

五祖弘忍的上座弟子神秀曾有一首诗偈，虽不如当时充役火头僧的六祖慧能之作，但用在"用之不勤，绵绵若存"上却极有深意。神秀曰："身似菩提树，心如明镜台，时时勤拂拭，莫使惹尘埃。""时时勤拂拭，莫使惹尘埃"与"吹毛用了急需磨"有异曲同工之妙。

有位虔诚的佛教信徒，每天都从自家的花园中采撷鲜花到寺院供佛。一天，当她送花到佛殿时，碰巧遇上希德禅师从佛堂出来，希德禅师道："你每天都这么虔诚地以鲜花供佛，根据佛典记载，常以鲜花供佛者，来世当得庄严相貌的福报。"信徒闻言十分欣喜又有几分疑惑："我每次来您这里礼佛时，觉得心灵就像洗涤过似的清凉，但回到家中，心就烦乱起来。作为一名家庭主妇，如何在喧嚣的尘世中保持一颗清凉纯洁的心呢？"希德禅师反问道："你以花礼佛，对花草总有一些常识，我现在问你，你如何保持花朵的新鲜呢？"信徒答道："保持花朵新鲜的方法，莫过于每天换水，并且在换水时把花梗剪去一截，因为这一截花梗已经腐烂，腐烂之后水分不易吸收，花就容易凋谢！"希德禅师说："保持一颗清凉纯洁的心也是这样啊！我们生活的环境就像瓶中的水，我们就是花，唯有不停净化我们的心灵，改变我们的气质，并且不停地忏悔、检讨，改掉陋习、缺点，才能不断吸收到大自然的养分啊。"信徒听后，幡然醒悟。

流水不腐，户枢不蠹，常用常新，时时拂拭，才能绵绵若存，真照无边。

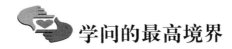 **学问的最高境界**

学问的最高境界是什么？无所不知，还是一无所知？

"子曰：由！诲，汝知之乎？知之为知之，不知为不知，是知也。"孔子认为人生最高的智慧就是"知之为知之，不知为不知"。一个人要平实，尤其是走到了一个较高的位置时，懂就是懂，不懂就是不懂，这就是最高的智慧。不懂装懂，则是最大的愚蠢。

《庄子·齐物论》中也提及"故知止其所不知，至矣"。这里的"故知"指的是一般的知识智慧。"道"也有一个最高的标准，即"止其所不知"，到了最高处便是不知。

南北朝时有一位高僧鸠摩罗什的弟子叫作僧肇，僧肇在一篇文章《般若无知论》中说，智慧到最高处，没有智慧可谈，才是真正的智慧。

人有所精，物有所专，本不是坏事，然而有时一个人的某一专长到达一个最高境界，反而会挡住其他知识。孔子在《论语》中也说自己一无所知，什么都不会，因此能够样样会，无所不知有时又是一无所知。以禅宗经常标榜的珠子走盘为例，滚珠没有一个方所，没有一个固定，它一无所知，因此无所不知。知识到达最高处即为"无知"，始终宁静，没有主观，没有先入为主，就是最高的学问境界。

希腊著名哲学家苏格拉底也是一位"无知"的智者，他的做人处世与孔子异曲同工，他说："你们把我看成有学问，真是笑话！我什么都不懂。"他曾经做过一个生动的比喻，他画了两个圆圈，一大一小。他对学生们说，大圆好比是他，小圆好比是某个学生，圆的面积代表知识，圆的周长代表与未知领域的接触，两圆之外的空白都是他们的无知面。圆的面积越大，相应的周长也越长，这就表明知识越丰富的人，他所不知道的东西就越多。苏格拉底一再宣称自己"毫无智慧"，同时又津津乐道于这样一个神谕，即当他向神殿提出"有什么人比我更贤明"时，得到的回答是"没有一个人比你更贤明"。

如果将哲学看作一个人，他正是这样一位大师。从其广阔的理论视野和博大的智慧胸襟的角度看，哲学真的无所不知，从平淡无奇的日常生活到波澜壮阔的历史革命，从千年前的奇思妙想到当今的智能科学，无一不为哲学所关注。然而，从事物的具体性和特殊性的角度看，哲学又是一无所知的，他无法告诉你几千年前的世界是怎样的，也不能告诉你机械是怎样运作的，甚至不能具体地告诉你心脏是如何活动的，相对于科学，哲学又是一无所知的。

蒲鹤年先生曾写过一篇文章，读来颇有所感，关于"大实若虚"与"大伪似真"这个问题，他谈论了丁肇中先生的"无知"与一位"万能科学大师"的"无所不知"。世界著名美籍华裔物理学家丁肇中先生，40岁便获得了诺贝尔物理学奖。了解他的人都知道：在接受采访或提问时，无论是本学科问题还是外学科问题，也无论提问者是业内人士还是业外人士，丁肇中最常给出的回答是三个字——"不知道"。他曾解释："不知道的事情绝对不要去主观推断，而最尖端的科学很难靠判断来确定是怎么回事。"

曾有则有趣的寓言，一位自命不凡的人为了难倒一位年长的智者，绞尽脑汁，收集了历史、地理、哲学、物理等各个领域的未解之谜，将所有难题摆在老人面前，让这位众人口中的智慧大师以一句话将所有问题回答出来，老人笑了笑，用一句话说出了他的答案——我全都不知道。这位自命不凡之人其实还是未能难住这位"无知"的智者。

圣贤们讲的"无知"，是俗语说的"一瓶水不响，半瓶水咣当"，真正的学问到了最高处便是"无知"。学问充实了以后，自己却感觉到空洞无知，这才是有学问的真正境界。

古希腊著名哲学家苏格拉底讲过："就我来说，我所知道的一切，就是我什么也不知道。"他以最简洁的形式表达了进一步开阔视野的理想姿态。可以说，至今仍有很多人信奉他这句名言。

无所不知而又一无所知，正所谓"绝顶聪明绝顶痴"。

第三章

人生是一场永不止息的博弈游戏

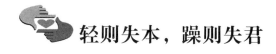

轻则失本，躁则失君

一个人要傲然矗立于天地间，首先必须自重。

"圣人终日行而不离辎重"，这是《老子》中的一句话，并非简单指旅途之中一定要有所承重，而是要学习大地负重载物的精神。

大地负载，生生不已，终日运行不息而毫无怨言，也不向万物索取任何代价。生而为人，应效法大地，有为世人众生挑负起一切痛苦重担的心愿，不可一日失却这种负重致远的责任心。这便是"圣人终日行而不离辎重"的本意。

志在圣贤的人们，始终要戒慎畏惧，随时随地存着济世救人的责任感。倘使能做到功在天下、万民载德，自然荣光无限，正如隋炀帝杨广所说的："我本无心求富贵，谁知富贵迫人来。"道家老子的哲学，看透了"重为轻根，静为躁君"和"祸者福之所倚，福者祸之所伏"自然反复演变的法则，所以才提出"虽有荣观，燕处超然"的告诫。

虽然处在"荣观"之中，仍然恬淡虚无，不改本来的素朴；虽然燕然安处在荣华富贵之中，依然超然物外，不以功名富贵而累其心。能够到此境界，方为真正悟道之士，奈何世上少有人及，老子感叹："奈何万乘之主，而以身轻天下。"

有两个空布袋，想站起来，便一同去请教上帝。上帝对它们说，要想站起来，有两种方法，一种是得自己肚里有东西；另一种是让别人看上你，一手把你提起来。于是，一个空布袋选择了第一种方法，高高兴兴地往袋里装东西，等袋里的东西快装满时，袋子稳稳当当地站了起来。另一个空布袋想，往袋里装东西多辛苦，还不如等人把自己提起来，于是它舒舒服服地躺了下来，等着有人看上它。它等啊等啊，终于有一个人在它身边停了下来。那人弯了一下腰，用手把空布袋提起来。空布袋兴奋极了，心想，我终于可以轻轻松松地站起来了。那人见布袋里什么东西也没有，便一手把它扔了。

"轻则失本，躁则失君。"人们不能自知修身涵养的重要，犯了不知自重的错误，不择手段，只图眼前攫取功利，不但轻易失去了天下，同时也戕杀了自己，犯了"轻则失本，躁则失君"的大错。

提及身轻失天下，不由得想到了新朝王莽。当了15年新朝皇帝的王莽王巨君，是近2000年来中国历史上争议最多的人物之一，有人把他比作"周公再世"，是忠臣孝子的楷模，有人把他看成"曹瞒前身"，是奸雄贼子的榜首。白居易一语道破天机："向使当初身便死，一生真伪复谁知！"

王莽是皇太后王政君弟弟王曼的儿子，父辈中九人封侯，父亲早死，孤苦伶仃。与同族同辈中声色犬马的纨绔子弟相比，王莽聪明伶俐，孝母尊嫂，生活俭朴，饱读诗书，结交贤士，声名远播。他曾几个月衣不解带地悉心侍候伯父王凤，深得这位大司马大将军的疼爱。加官晋爵后的王莽依旧行为恭谨，生活俭朴，深得赞誉。正当王莽踌躇满志之时，成帝去世，哀帝即位，王莽的靠山王政君被尊为太皇太后，失去了权力，王莽下野，并一度回到了自己的封国。这段期间，王莽依然克己节俭，结交儒生，韬光养晦。为了堵住悠悠之口，哀帝以侍候王太后的名义，把王莽重新召回到京师。随着年仅9岁的汉平帝即位，王莽将军国大政独揽一身，其野心也急剧膨胀。而后，一心想当帝王的王莽，假借天命，征集天下通今博古之士及吏民48万人齐集京师，"告安汉公莽为皇帝"的天书应运而生，王莽也理所应当地由"安汉公"而变为摄皇帝、假皇帝。"司马昭之心，路人皆知。"在平定了几多叛乱之后，王莽宣布接受天命，改国号为"新"，走完了代汉的最后一幕。

称帝后，他仿照周朝推行新政，屡次改变币制，更改官制与官名，削夺刘氏贵族的权利，引发豪强不满；他鄙夷边疆藩属，将其削王为侯，导致边疆战乱不断；赋役繁重，刑政苛暴，加之黄河改道，以致饿殍遍野。王莽最终在绿林军攻入长安之时于混乱中为商人杜吴所杀，新朝随之覆灭。

　　老子说："及吾无身，又有何患。"人的生命价值，在于其身存。志在天下，建丰功伟业者，正是因为身有所存。现在正因为还有此身的存在，因此，应该戒慎恐惧，燕然自处而游心于物欲以外。不以一己私利而谋天下大众的大利，立大业于天下，才不负生命的价值。可惜为政者，大多只图眼前私利而困于个人权势的欲望中，以身轻天下的安危而不能自拔，由此而引出老子的奈何之叹！

　　要知道，身轻失天下，自重方存身。

别过于迷信他人的看法

人生应自持，毁誉莫动摇。

孔子说，听了别人毁人、誉人，自己不要立下断语；或者说，有人攻讦自己或恭维自己，都不要过分考虑。过分的言辞，无论是毁是誉，其中一定有原因、有问题。所以，毁誉不是衡量人的绝对标准，听的人必须要明辨。

有时，人们过于迷信他人的看法，反而失去了自己。其实，每个人的判断都像我们自己的钟表，没有一只走得完全一样，有时一味听从他人的意见，便会永远不知道时间，应该相信自己的判断。

梅边是一位年轻的画家，一次他在画完一幅自己十分满意的杰作后，拿到展厅去展出。为了能听取更多的意见，他特意在他的画作旁放上一支笔，请他人指正。这样一来，每一位观赏者，如果认为此画有败笔之处，都可以直接用笔在上面圈点。当天晚上，梅边兴冲冲地去取画，却发现整个画面都被涂满了记号，没有一笔一画不被指责的。他十分懊丧，对这次的尝试深感失望。

他把自己的遭遇告诉了一位朋友，朋友告诉他不妨换一种方式试试，于是，他临摹了同样一张画拿去展出。但是这一次，他要求每位观赏者将其最为欣赏的妙笔之处标上记号。等到他再取回画时，发现画面也被涂遍了记号。一切曾被指责的地方，如今却都换上了赞美的标记。他不无感慨地说："现在我终于发现了一个奥秘：无论做什么事情，都不可能让所有的人都满意，因为，在一些人看来是丑恶的东西，在另一些人眼里或许是美好的。"

这种情况，在现实生活中常常碰到。同样的事、同样的人，常常会有不同的待遇，产生不同的结果。因为人世间每一个人的眼光各不相同，理解事物的角度也不尽一样。所以，遇事要用正确的思维方式，不要完全相信你所听到的和表面看到的一切，也不要因为他人一时的批评而迷失自己。

人就是这样，太在意外在的评论与看法，总想在别人面前展示一个完美的自己，而不能容忍别人对自己的丝毫质疑，就像将自己置身于别人的话语圈里，而往往忽视了自己的真实处境。看似特立独行，实则为外物所困。

丰子恺先生有这样一段文字："有一回我画一个人牵两只羊，画了两根绳子。有一位先生教我：'绳子只要画一根。牵了一只羊，后面的都会跟来。'我恍悟自己阅历太少，后来留心观察，看见果然如此：前头牵了一只羊，后面数十只羊都会跟去。就算走向屠宰场，也没有一只羊肯离群而另觅生路的。后来看见鸭也如此。赶鸭的人把数百只鸭放在河里，不须用绳子系住，群鸭自能互相追随，聚在一块。上岸的时候，赶鸭的人只要赶上一两只，其余的就会跟了上岸。即使在四通八达的港口，也没有一只鸭肯离群而走自己的路的。"

丰子恺先生的这段话其实深刻地触到了做人的一个原则，跟着别人后面走，下场也同别人一样。对于每一个人来说，凡事要有自己的主见，要学会自己拿主意，坚定自己的立场，相信自己的力量，不要因为他人的评价而放弃自己内心的想法，不做别人毁誉的"奴隶"。字画皆人生，疏淡之间，意趣横生，细细思量，的确有一条隐在尘世中的绳索，牵着在生活中迷乱的人们。

我们每天急匆匆地跟在一件事的后面，追逐一些看不见的东西，实际是在奔赴一个别人成功过的目标，重复别人走过的路，在别人嚼剩的残渣中寻觅零星的营养。可惜，漫漫的人生征途，又能有几人特立独行地另辟蹊径？可悲可叹的是，有时甚至盲目到顽愚的地步，眼看跟着别人一步一步走向了人生的绝境，虽有警觉却仍坚持趋同主流、迷失自我。

王小波有一篇文章非常值得一读，篇名为《一只特立独行的猪》，文如其名，相信读过之后，每个人都会喜欢上那只猪，因为我们身上欠缺"它"所拥有的一些东西。一头猪尚能主宰自己的命运，人却往往轻易向生活低头。希望每个人都能看清自己，看清这个世界，特立独行，不要泯然于众，碌碌一生。

# 人之言为信

信，乃人性的底线、品格的基石，失去了信义，一切将不复存在。

在人与人之间，人与社会之间，一切都要言而有信，有伟大的胸襟，能够爱人。假使一个人对这些都做到了，再同有学问、有道德的人做朋友以学习仁道，如果还有剩余的精力，然后再"学文"，那是你的志向与兴趣问题。

"子曰：人而无信，不知其可也。大车无輗，小车无軏，其何以行之哉？"孔子说为人、处世、对朋友，"信"是很重要的，无"信"绝对不可以。尤其一些当主管的人，处理事情不多想想，骤下决定，言而无信以致随时改变，便会使部下无所适从，所以孔子说："人而无信，不知其可也。"

一个健康、美貌、机敏、才学、金钱、荣誉……完美的人死去了，上帝安排他进地狱，他不服，要求入天堂，于是他的鬼魂找到了上帝理论。

上帝笑了笑，问："你有什么条件可以进入这极乐的天堂？"

鬼魂于是把阳间他所有的东西统统抖出来，带着炫耀的口气，反问："所有这些，难道不足以使我去天堂吗？"

"难道你不知道你缺少进入天堂的最重要的一种东西吗？"上帝并不恼怒。

鬼魂嘿嘿地笑着："你已经看到了，我什么都有，我完全应该进入天堂。"

"你忘了你曾经抛弃了一件最重要的东西。"上帝面对这个恬不知耻的鬼魂，有一点不耐烦，便直截了当地提醒他，"在人生的渡口上，你抛弃了一个人生的背囊，是不是？"

鬼魂想起来了：年轻时，有一次乘船，不知过了多久，风起云涌，

小船险象环生。老艄公让他抛弃一样东西。他左思右想，美貌、金钱、荣誉……他舍不得。最后，他抛弃了"承诺"。但是鬼魂不服："难道能够仅仅因为我没有'承诺'，就被拒之光明的天堂而进入可怕的地狱吗？"

上帝变得很严肃："那么，之后你做了些什么？"鬼魂回想着：那次他回家后，答应母亲要好好地照顾她，答应妻子永远不会背叛她，答应朋友要一起做一番事业。后来，后来……他回想着，自己在外面有了情人，母亲劝阻他，他对母亲却再也不闻不问，他不允许母亲破坏他的"幸福"；他和朋友做生意，最后却私吞了朋友那一份……

上帝看着陷入沉思的他，说："看到没有？由于不守承诺，你做了多少背信弃义的勾当。天堂是圣洁的，怎么能容你这卑污的鬼魂？"

鬼魂沉默了，他不是无所不有，而是一无所有，亲情、友情、爱情……统统随承诺而去。他，一个卑污的鬼魂，只能下地狱！

"下地狱去吧！"上帝说完，飘然而去。

今天拿承诺开玩笑的人，明天就会成为地狱的鬼魂。

对于言而无信的人来说，地狱不是什么遥远的地方，他的现实存在与地狱相差无几。许下诺言，就一定要去实现它，这是你在这个社会上立足的根本。你一再违背自己的诺言，就没有人会相信你，在别人眼里你也就成了一个十足的小人。

"大车无輗，小车无軏。"輗和軏都是车子上的关键所在。做人也好，处世也好，为政也好，言而有信，是关键所在，有如大车的横杆，小车的挂钩，如果没有了它们，车子是绝对走不动的。一个人失去信义，便无所依托，长此以往，别人对其只会敬而远之。信口开河、言而无信，只会让自己失去做人的从容与真挚，同时失去别人的真诚以待。

信，人之言为信，言而无信则非人。无论做什么，经商也好，做学问也好，当官也好，言而有信都是第一位的。

前车之覆，后车之鉴

自己经过的事，不要轻易将其抛诸脑后，忘记过去意味着背叛，无视以前的经验教训，必将在人生的道路上大费周折。

"子曰：温故而知新，可以为师矣。"

如同学问即人生一般，"温故知新"也不单指学习。从文字上去解释，就是温习过去，知道现在的，便可以做人家的老师了。更深一步的体会则是，认识了过去，就知道未来，过去就是你的老师，"前事不忘，后事之师"。因为前面的成功与失败，个人也好，国家也好，是如何成功的，又是如何失败的，很明显告诉了我们很多。

相传，在一片深山密林中，一座"仙人居"位于山巅。一日，一位年轻人风尘仆仆，从很远的地方来求见"仙人居"的圣人，想拜他为师，修得正果。年轻人进了深山，走啊走，走了很久，犯难了，路的前方有三条岔路通向不同的地方，年轻人不知道哪一条路能够通向山顶。

忽然，年轻人看见路旁一个老人在小憩，于是走上前去，轻声唤醒老人，询问通向山顶的路。老人睡眼惺忪地嘟哝了一句"左边"，便又睡过去了。年轻人便从左边那条小路往山顶走去。走了很久，路突然消失在一片树林中，年轻人只好原路返回。回到三岔路口，老人家还在睡觉，年轻人又上前问路，老人家舒舒服服地伸了个懒腰，说了一句："左边。"便又不理他了。年轻人正要分辩，转念一想，也许老人家是从下山角度来讲的"左边"。于是，他又拣了右边那条路往山上走去。走啊走，走了很久，眼前的路又消失了，只剩一片树林。年轻人只好原路返回。

回到三岔路口，见老人家又睡过去了，他更是气不打一处来。他上前推了推老人家，把他叫醒，问道："你一大把年纪了，何苦来骗我，左边的路我走了，右边的路我也走了，都不能通向山顶，到底哪条路可以去山顶？"老人家笑眯眯地回答："左边的路不通，右边的路不通，你说哪条路通呢？这么简单的问题还用问吗？"年轻人这才明白过来，应该走中间那条路。但他总想不明白老人家为什么总说"左边"。带着一肚子的疑惑，年轻人来到了"仙人居"。他虔诚地跪下磕头，圣人笑眯眯地看着他，原来圣人就是三岔路口的那位老人家。

这个故事简单却内涵丰富，以前经历的事情要作为现在行事的指南，以过去为镜子，照出成败得失，不能混混沌沌、糊糊涂涂地度过一生。

杜牧的《阿房宫赋》中"秦人不暇自哀，而后人哀之；后人哀之而不鉴之，亦使后人复哀后人也"，这一句便道出了"前事不忘，后事之师"的道理。古人云："以铜为鉴，可以正衣冠；以人为鉴，可以明得失；以史为鉴，可以知兴替。"以史为鉴，可以找到行事的准绳，看到过去的得失，规划未来的方向。

观水学做人

　　观水自照，可知自身得失。人生在世，若能将水的特性发挥得淋漓尽致，可谓完人，正是"上善若水，厚德载物"。

　　一个人如要效法自然之道的无私善行，便要做到如水一样，保持至柔之中的至刚、至净、能容、能大的胸襟和气度。

　　"到江送客掉，出岳润民田"，水，具有滋养万物生命的德性，使万物得其润泽，而不与万物争利。永远不居高位，不把持要津，在这个永远不平的物质世界中，宁愿自居下流，藏垢纳污而包容一切，正所谓"水唯能下方成海，山不矜高自及天"。

　　"几于道"的"几"字，值得推敲，并非说若水的德性，便合于道了。老子只是拿水与物不争的善性一面，来说明它几乎近于道的修为而已。一个人的行为如果能做到如水一样，善于自处而甘居下地，所谓"居善地"；心境像水一样，善于容纳百川的深沉渊默，所谓"心善渊"；行为举止同水一般助长万物生灵，所谓"与善仁"；言语如潮水一样准则有信，所谓"言善信"；立身处世像水一样持平正衡，所谓"正善治"；担当做事像水一样调剂融和，所谓"事善能"；把握机会，及时而动，做到同水一样随着动荡的趋势而动荡，跟着静止的状况而安详澄止，所谓"动善时"；遵循水的基本原则，与物无争，与世无争，永无过患而安然处顺，便是掌握天地之道的妙用了。

　　古代，一位官员被革职遣返，他心中苦闷，无处排解，便来到一位禅师的法堂。禅师静静听完了此人的倾诉，将他带入自己的禅房之中，桌上放着一瓶水。禅师微笑着说："你看这只花瓶，它已经放置在这里许久了，几乎每天都有尘埃灰烬落在里面，但它依然澄清透明。你知道这是何故吗？"此人思索良久，仿佛要将水瓶看穿，忽然他似有所悟："我懂了，所有的灰尘都沉淀到瓶底了。"

禅师点点头："世间烦恼之事数之不尽，有些事越想忘掉越挥之不去，那就索性记住它好了。就像瓶中水，如果你厌恶地振荡自己，会使一瓶水都不得安宁，混浊一片；如果你愿意慢慢地、静静地让它们沉淀下来，用宽广的胸怀去容纳它们，这样，心灵并未因此受到污染，反而更加纯净了。"官员恍然大悟。

佛说"大海不容死尸"，说明水性至洁，表面藏垢纳污，实质却水净沙明，晶莹剔透，至净至刚，不为外物所染。儒家观水，子在川上曰："逝者如斯夫，不舍昼夜。"因其常流不息，能普及一切生物，有德；流必向下，不逆成形，或方或长，必循理，有义；浩大无尽，有道；流几百丈山间而不惧，有勇；安放没有高低不平，守法；量见多少，不用削刮，正直；无孔不入，明察；发源必自西，立志；取出取入，万物就此洗涤洁净，善于变化。

观水学做人。始终保持一种平常心态，和其光，同其尘，越深邃越安静；至柔而有骨，执着能穿石，以"天下之至柔，驰骋天下之至坚"；齐心合力，激浊扬清，义无反顾；灵活处世，不拘泥于形式，因时而变，因势而变，因器而变，因机而动，生机无限；清澈透明，洁身自好，纤尘不染；一视同仁，不平则鸣；润泽万物，有容乃大，通达而广济天下，奉献而不图回报。

逐一解读儒、佛、道三家圣哲对水的赞语，我们可以读出不同的深意：儒家精进利生，道家谦下养生，佛家圣净无生。一水犹如三面古镜，观照人生的不同趋向，何时何地应当何去何从，某时某刻应当如何运用宝鉴以自照、自知、自处。

谨慎而不保守

行动前应该思考几次？两次，三次，还是四次？

"季文子三思而后行。子闻之曰：再，斯可矣！"有人对这句话的解释是，孔子听到季文子三思而后行的举动后，说："还应该再思考一次。"对此，有人则认为，孔子是在说："思考三次，太多了，两次就够了。"

中国有句古话，"秀才造反，三年不成。"为什么会"三年不成"呢？有人归结为胆小，有人归结为背景不足。其实关键往往是思考得太多、太复杂！

第一，"造反"开始人手如何筹备，谁出钱谁出力？兵器打造了多少，够不够用？先攻哪里，再攻哪里？如果攻不下怎么办？攻不下又分好几种情况，出现每一种不同的情况又怎么办？如果被官兵事先发觉了怎么办？如果家属受到牵连怎么办？粮草辎重的供给怎么办？如果……

第二，"造反"取得小胜后，如何稳固根基？怎样安排家属随军？如何安抚民心？谁负责哪一块，能不能做好？如果官军派大军来围剿，怎么打？打得过怎么样，打不过又怎么样？如果造反一开始就失败了，怎么脱身？被抓住了又怎么应付……

第三，"造反"成功后成果如何分配？推举谁为首领？每个人各担任什么职务？以后加入的人怎么分配成果？推行什么样的政策？怎么处置抓获的达官贵族？在什么地方定都，可供选择的几个大城市又各有哪些利弊？首领去世后推举谁为下一位领袖、谁来辅佐……

脑海里有太多的"如果"和"怎么办"，八字还没一撇，就恨不得把后面所有的事情都计划周详，这样永远也迈不出行动的第一步。

季文子是鲁国的大夫，做事情过分小心、仔细。一件事情，想了又想，想了再想叫"三思"。孔子知道了他这种做事的态度，便认为他想得太多，为人做事诚然要小心，但"三思而后行"，的确考虑太多了。一件事情到手的时候，考虑一下，再考虑一下，就可以了。如果第三次再考虑，很可能犹豫不决，轻易就放弃了。

做人要非常谨慎，但是谨慎与拘谨不同，过分拘谨便是小气。"诸葛一生唯谨慎，吕端大事不糊涂。"这是一副名联，也是很好的格言。

诸葛亮谨慎的个性使他成为中国历史上非常少有的能完身完名的托孤权臣，避过了历代无数带兵重臣身败名裂的结局，但从另一个方面来说，他恰恰又犯了"慎"的错误。由于国力不强，战争应该"谨慎"发动，要选准时机，平时多积蓄实力，以备待机而发，而诸葛亮恰恰反其道而行之，在发动战争上缺乏谨慎，虽然有些是不得已的防卫战，但大多都是其主动兴起的北伐，六出祁山无功而返，劳师动众大减了国力，最后落得病死五仗原的结局。

诸葛亮一生唯谨慎，但"谨慎"仍有不到之处，在不该谨慎的战术上裹足不前，延误战机，在应该谨慎的战略上又有些急功近利，或许是为了不辜负白帝城托孤的一片赤诚吧，感情成了理智的羁绊。

谨慎中有大学问，行动前究竟要思考几次，因人而异，因事而定，圣人告诉我们的只是一个行事的准则，不要让思虑限制了行动，也不要让冲动冲垮了理智。

图难于其易，为大于其细

老子在《道德经》中提到了"难易相成"的哲学准则，难与易，互为成功的原则，其重点在于难易相成的"成"字。

天下没有容易成就的事，但天下事在成功的一刹那，都会显得十分容易，凡事都是看似容易，做来艰难，"图难于易"，正是成功的要诀。

天下事有难易乎？为之，则难者亦易矣；不为，则易者亦难矣。人生中所有伟大的成功，都是由于做到了看来不可能做到的事情而取得的。

3岁时，莫扎特已经学会弹奏古钢琴，并能记住只听过一次的乐段。

7岁时，波兰钢琴家肖邦创作了《G小调波罗乃兹舞曲》。

10岁时，爱迪生建立起一个实验室，开始他的发明事业。

12岁时，格特鲁德·埃德成为女子800米自由泳最年轻的世界纪录创造者。

15岁时，鲍比·费希尔获得"最年轻的国际象棋大师"的称号。

21岁时，珍尼·奥斯汀开始写她的第一部名著《傲慢与偏见》。

22岁时，海伦·凯勒出版了她的自传《我的一生》。

25岁时，查理斯·林德析格首次单人不间断飞越了大西洋。

40岁时，芭蕾舞蹈家玛戈特·芳廷才开始与芭蕾舞著名男演员鲁道夫·纳勒耶夫合作，同登舞台。

43岁时，约翰·肯尼迪当选为美国最年轻的总统。

50岁时，亨利·福特采用"流水装配线"，首次实现了汽车价格低廉的大规模生产。

53岁时，玛格丽特·撒切尔成为英国第一任女首相。

64 岁时，弗朗西斯·奇切斯特独自乘 53 英尺长的游艇周游世界。

65 岁时，丘吉尔首次成为英国首相。

76 岁时，红衣主教安吉洛·龙卡利成为约翰二十三世教皇，于 5 年内进行了重要改革，为罗马天主教廷开创了新纪元。

80 岁时，摩西"奶奶"（安娜·玛丽·罗伯逊）举行了首次女画家个人画展。

81 岁时，本杰明·富兰克林巧妙地协调了议会众代表的分歧意见，使美国宪法得以通过。

84 岁时，丘吉尔二任首相告退，回到下议院，又一次获得议会选举，并展出他的画作。

88 岁时，大提琴家帕布罗·卡萨尔斯照常举行音乐会，于 96 岁逝世。

1983 年，美国黑人早期爵士音乐的钢琴演奏家兼作曲家尤比·布莱克逝世，圆满地走过了他的 100 岁人生。他在去世前 5 天时说："如果早知道我能活这么长，我一定会更好地努力奋斗。"

人生是一个追求成功的过程，人们总是给自己设置许多障碍，却忘记了难与易总是相对而言的。

美国有个 84 岁的老太太昆丝汀·基顿，1960 年曾轰动了美国。这位高龄的老太太，竟然徒步走遍了整个美国。人们为她的成就感到自豪，也感到不可思议。有位记者问她："你是怎么完成徒步走遍美国这个宏大目标的呢？"老太太的回答是："我的目标只是前面那个小镇。"

成功总是由无到有、由小变大、由少到多，这中间需要一个想成功的人不断地努力与争取，这便是"图难于易"的成功要诀。

不过，从另一个角度看，"图难于易"还具有一层更深的寓意。历史学家司马迁对汉初三杰之一张良赞誉有加："运筹帷幄之中，制胜于无形；子房计谋其事，无知名，无勇功，图难于易，为大于细。"

难易相成，万事开头难，事成之后，人们往往关注结果，而忽视了奋斗的过程，不能谦逊以对，最终难免惹祸上身。张良正是看透了这一点，才获得了真正的成功。

张良在汉朝建立后的封赏会上的表现使包括刘邦在内的所有人都

感到吃惊：他谢绝了刘邦对他的万户侯的封赏（包括属地随便挑选的特权），在刘邦的一再劝说下，他只挑了一个没人要的偏远贫穷的小县城留县。张良说："陛下实在要封赏我，就把我和陛下相识的地方留县封给我做个纪念吧，我哪里当得起万户侯。我昔日刺杀暴君秦始皇，天下震动；现在以三寸舌为帝者师，得到封万户侯的荣誉，这对我这个平民百姓来说太过分了，我真心地愿意放弃人间的富贵，过老百姓的日子。"而且张良说到做到，不但不做万户侯，连这个小小的留县县令也找了个机会放弃了。

陕南留坝有张良庙，庙有一联，上为"送秦一椎"，下为"辞汉万钟"，堪称杰作。张良少时率大力士以铁椎掷向秦始皇，浩气回荡古今；天下既安，又辞万钟之禄，归隐山林。张良所求，并非多数人看重的高官厚禄，按现时的话讲，无非是实现人生价值。送秦一椎，投身"革命"；暴秦灭，天下平，功成身退，高洁而明智，抓住了人生的本质。

图难于易，关注过程，如果在功成名就的结果中迷失了自己，不抓住时机功成身退，最终便难逃功高震主、兔死狗烹的下场。

天下之事，图难于易，人们通常在开始时感到行事的艰难，在成事后便只享受着成功的喜悦，其实，初始时的坚定与成功后的淡定才是做事最应持有的态度。

年少戒色，中年戒争，老年戒得

君子难当，圣人指出君子有三重难过的关隘，一不小心，便会迷失其中。

"子曰：君子有三戒。少之时，血气未定，戒之在色；及其壮也，血气方刚，戒之在斗；及其老也，血气既衰，戒之在得。"

对于君子三戒，在不同阶段有不同的警戒：少年戒之在色，男女之间如果有过分的贪欲，很容易毁伤身体。壮年戒之在斗，这个斗不只是指打架，还指一切意气之争。事业上的竞争，处处想打击别人，以求自己成事立业，这种心理是中年人的毛病。老年人戒之在得，年龄不到可能无法体会。曾经有许多人，年轻时仗义疏财，到了老年反而斤斤计较，钱放不下，事业更放不下，在对待很多事情上都是如此。

三戒如同人生三个关隘，闯过去，便是踏平坎坷成大道；闯不过，便是拿到了一张不合格的人生答卷，轻则半生虚度，重则一生荒废，甚至坠入万劫不复的深渊。

青年时代，最具吸引力的是异性，最令人神往的是爱情，最难以节制的是情欲。饮食男女，原本无可厚非，而一旦过分便会贻误终生。

到了壮年，名誉、地位、权力、财富，都匍匐在脚下，但又不是可以无限开采的资源，进退、得失、上下、去留，现实残酷地摆在每个人的面前。于是，争中有斗，斗中有争，争斗之中，用尽了心计，阴的、阳的、明的、暗的、文的、武的、君子的、小人的，三十六计、七十二招数，无所不用其极。斗争中的人生又何谈恬淡的乐趣？

及至老年，一切皆已定局，再发展已无能为力。这时，一个"得"字，害人匪浅。在乎已得，对待事业，就会无所用心，意志衰退，贪图享受，得过且过；对待官职，就会恋恋不舍，把玩不已，不肯让位。在乎未得，就会眼红心跳，孤注一掷，猛捞一把，贪得无厌，"59 岁现象"，发人深省。

有一座泥像立在路边，历经风吹雨打。它多么想找个地方避避风雨，然而它无法动弹，也无法呼喊，它太羡慕人类了，它觉得做一个人，可以无忧无虑、自由自在地到处奔跑。它决定抓住一切机会，向人类呼救。

有一天，智者圣约翰路过此地，泥像用它的神情向圣约翰发出呼救。"智者，请让我变成人吧！"圣约翰看了看泥像，微微笑了笑，然后衣袖一挥，泥像立刻变成了一个活生生的青年。"你要想变成人可以，但是你必须先跟我试走一下人生之路，假如你受不了人生的痛苦，我马上可以把你还原。"智者圣约翰说。

于是，青年跟智者圣约翰来到一个悬崖边。"现在，请你从此岩走向彼岩吧！"圣约翰长袖一拂，已经将青年推上了铁索桥。青年战战兢兢，踩着一个个大小不同的链环的边缘前行，然而一不小心，一下子跌进了一个链环之中，顿时，两腿悬空，胸部被链环卡得紧紧的，几乎透不过气来。

"啊！好痛苦呀！快救命呀！"青年挥动双臂大声呼救。"请君自救吧。在这条路上，能够救你的，只有你自己。"圣约翰在前方微笑着说。青年扭动身躯，奋力挣扎，好不容易才从这痛苦之环中挣扎出来。"你是什么链环，为何卡得我如此痛苦？"青年愤然道。"我是名利之环。"脚下铁链答道。

青年继续朝前走。忽然，隐约间，一个绝色美女朝青年嫣然一笑，然后飘然而去，不见踪影。青年稍一走神，脚下又一滑，又跌入一个环中，被链环死死卡住。可是四周一片寂静，没有一个人回应，没有一个人来救他。这时，圣约翰再次在前方出现，他微笑着缓缓道："在这条路上，没有人可以救你，只有你自己。"青年拼尽力气，总算从这个环中挣扎了出来，然而他已累得精疲力竭，便坐在两个链环间小憩。"刚才这是个什么痛苦之环呢？"青年想。"我是美色链环。"脚下的链环答道。

经过一阵轻松的休息后，青年顿觉神清气爽，心中充满幸福愉快的感觉，他为自己终于从链环中挣扎出来而庆幸。青年继续向前走，然而没想到他又接连掉进了欲望的链环、嫉妒的链环……待他从这一个个痛苦之中挣扎出来，已经完全疲惫不堪了。抬头望望，前面还有漫长的一段路，他再也没有勇气走下去。

"智者！我不想再走了，你还是带我回原来的地方吧！"青年呼唤着。智者圣约翰出现了，他长袖一挥，青年便回到了路边。"人生虽然有许多痛苦，但也有战胜痛苦之后的欢乐和轻松，你难道真愿意放弃人生吗？""人生之路痛苦太多，欢乐和愉快太短暂、太少了，我决定放弃做人，还原为泥像。"青年毫不犹豫地说。智者圣约翰长袖一挥，青年又还原为一尊泥像。"我从此再也不受人世的痛苦了。"泥像想。然而不久，泥像被一场大雨冲成一堆烂泥。

人的一生需要迈过的门槛很多，稍不留神我们就会栽在其中一道坎上。不过对于绝大多数人，或许最重要的则是迈过金钱、权力与美色三道坎，就像孔子所说的"人生三戒"一样。

其实，无论你处于什么阶段，这"三戒"的内容，都应当牢记在心，"时时勤拂拭，莫使惹尘埃"。以"礼"约束，用理性的缰绳去约束情感和欲望的野马，达到中和调适，便能顺利走过人生的几个关口。

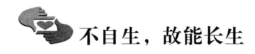 # 不自生，故能长生

天地生养万物，默默奉献无所求，究竟是无私还是自私呢？

老子说天地之所以能够长久存在，是因为其"不自生"，"故能长生"。天地自然而生，不为万物，不为人。天地的"不自生"，正是天地极其自私的道理。天地的"极私"，其实也是天地的"至公"。

从万物个体的小生命来看，生死仿佛极为不幸之事，但从天地长生的本位来说，生生死死，只是万物表层的变相。万物与天地本来便是一个同体的生命，万物的生死只是表层现象的两头，天地能生能死的功能，并没有随生死的变相而消灭，它本来便是一个整体的大我，无形无相，生而不生，真若永恒似的存在着。

得道的圣人如果能够效法天地的法则立身处世，去掉自我人为的自私，把自己假象的身心摆在最后，把自我人为的身心，看成是外物一样，便真正摒却了私心。只要奋不顾身，为义所当为的需要而努力去做。那么，虽然看来是把自身的利益置于最后，其实恰好是一路领先、光耀千古，看来虽然是外忘此身而不顾自己，其实是做出了一个身存天下的最好安排。"是以圣人后其身而身先，外其身而身存，非以其无私邪？故能成其私。"岂不是因为他毫无私心的表现，而完成了他真正整体的大私吗？

有一位得道高僧，总是穿得整整齐齐，拿着医疗箱，到最脏乱、贫困的地方，为那里的病人洗脓、换药，然后脏兮兮地回山门。他也总是亲自去化缘，但是左手化来的钱，右手就救助了可怜人。他很少待在禅院，禅院也不曾扩建，但是他的信众越来越多，大家跟着他上山、下海，到最偏远的山村和渔港。他说："我的师父还在世的时候，曾教导我什么叫完美，其实，完美就是求这世界完美；师父也告诉我什么是洁癖，洁癖就是帮助每个不洁的人，使他洁净；师父还点化我，

什么是化缘，化缘就是使人们的手能牵手，彼此帮助，使众生结善缘。"最后，高僧说："至于什么是禅院，禅院不见得要在山林，而应该在人间。南北西东，皆是我弘法的所在；天地之间，就是我的禅院。"

依据这种观点，公而忘私故能成其私便成为千古颠扑不破的无上法则。

只身存天下，将己身与天下融为一体，是对自身最好的安排。北宋范仲淹曾挥毫撰写了千古传诵的《岳阳楼记》，不以物喜，不以己悲，情感不轻易地随景而迁。升官发财之日，不会得意忘形；遭厄受穷之时，也不致愁眉不展。身居高职，能为民解忧；一旦流离江湖，依旧心系万民。在位也忧，离职也忧。如要问："似这般无日不忧，几时才是一乐？"只道："先天下之忧而忧，后天下之乐而乐！"这两句话，概括了范仲淹一生所追求的为人准则，是他忧国忧民思想的高度概括。

从青年时代开始，范仲淹就立志做一个有益于天下的人。为官数十载，他在朝廷犯颜直谏，不怕因此获罪。他发动了庆历新政，这一政治改革，触及北宋的政治、经济、军事制度的各个方面，虽然由于守旧势力的反对，改革失败，但范仲淹主持的这次新政却开创了北宋士大夫议政的风气，传播了改革思想，成为王安石熙宁变法的前奏。

他在地方上每到一地，兴修水利、培养人才、保土安民，政绩斐然，真正做到了为官一任，造福一方。而在生活上，他治家严谨，十分俭朴，平时居家不吃两样荤菜，妻子儿女的衣食只求温饱，一直到晚年，都没建造一座像样的宅第，然而他喜欢将自己的钱财送给别人，待人亲热敦厚，乐于义助他人，当时的贤士，很多是在他的指导和荐拔下成长起来的。即使是乡野和街巷的平民百姓，也都能叫出他的名字。在他离任时，百姓常常拦住传旨使臣的路，要求朝廷让范仲淹继续留任。

文正公死后，朝野上下一致哀痛，甚至西夏甘、凉等地的各少数民族人民，都成百成千地聚众举哀，连日斋戒。凡是他从政过的地方，老百姓纷纷为他建祠画像，数百族人来到祠堂，像死去父亲一样痛哭哀悼。

许多大公无私之人表面上看似因为无私而失去了许多，殊不知，他们为此得到的却更为丰裕。如果推开历史，走进生活之中，你同样会发现，如果不将自己局限在一个狭小自私的位置，获得的将会更多。正如冰心的一首小诗："墙角的花，当你孤芳自赏的时候，天地便小了。"

至公便是至私，从另一个角度看，好比两个结伴登山的人，突然遇到寒冷的天气，加上饥饿、疲惫，使得其中一人不支倒地。另外一人虽然也累得难以支持，但是为了救自己的朋友，拼全力终于把朋友背下了山。而也正因为他背负一个人，使自己充分运动，才免于被冻死。如果助人者当时没有救人之心，只一味顾及一己私利，最终二人都可能难逃冻死的厄运，细想，正是这大公无私的举动拯救了自己。

在人生的大道上，总会遇到许多公与私之间的艰难抉择，但我们或许不知道，生命的旅程中，有时救了别人，恰恰也是自我的救赎。

人生是一场永不止息的博弈游戏

人生是一场永不止息的博弈游戏，每一步进退都关乎成败。

人与现实之间存在着多种多样的博弈，是利用现实，还是为现实所用，一切尽在自己的掌握之中。

有人说，子思的《中庸》便是依据庄子"中庸之用"的思想而来，究竟是否如此，也未可知。无用之用是为大用，并非是主张完全不用，还是应该用，用而恰当，用而适可，"用也者，通也；通也者，得也。"所以《中庸》的来源差不多也有这个意思。

在变乱的时期，许多人对于现实都抱有同样的思想——逃避现实。然而现实是逃不开的，只有想办法，善于用现实，不被现实所用，才能安身立命。用得好，便是"庸"；用得不好，就变成后世所谓的"庸碌"。"庸"不是马虎，不是差不多，是"得其环中"，恰到好处，最高的智慧到了极点，看起来很平常，但"得其环中，以应无穷"。

现实总是不尽如人意的，如何博弈，如何取胜，也是人生的一大智慧，"用"好现实中的一切，即便是苦难和挫折，也能通达天地，领悟"中庸"。

有一个青年，出生于贫寒农家，侍弄过庄稼，做过木匠，干过泥瓦工，收过破烂，卖过煤球，曾经感情受挫，官司缠身。他独自闯荡，居无定所，四处漂泊，总遭受别人鄙夷的眼光，但他与众不同的是，他热爱文学，写下了许多清澈纯净的诗歌。曾经有知情者疑惑，这样清澈的文字居然出自于一个痛苦挣扎在生活边缘的人笔下，对此，他解释道："我是在农村长大的，农村人家家都储粪。小时候，每当碰到别人往地里运粪时，我总觉得很奇怪，这么臭、这么脏的东西，怎么就能使庄稼长得更壮实呢？后来，经历了这么多事，我都发现自己并没有学坏，也没有堕落，甚至连麻木也没有，就完全明白了粪和庄稼的关系。粪便是脏臭的，如果你把它一直储在粪池里，它就会一直脏臭下去，一旦它遇到土地，情况就不一样了，它和深厚的土地结合，就成了一种有益的肥料。对于一个人，苦难也是这样，如果把苦难只视为苦难，那它真的就是苦难，但是如果你让它与你未来世界里最广阔的那片土地去结合，它就会变成一种宝贵的营养，让你在苦难中如凤凰涅槃，体会到特别的甘甜和美好。"

他的解释也正是人与现实的博弈关系的最好注解，土地能够转化粪便的性质，心灵同样可以转化苦难的流向，升华与堕落，都在于自己对现实的理解。面对苦难的现实，他的笔下流淌的竟是美丽纯净的歌："我健康的双足是一面清脆的小鼓，在这个雨季敲打着春天的胸脯，没有华丽的鞋子又有什么关系啊，谁说此刻的我不够幸福？"

人生只有12个字："看得破，忍不过；想得到，做不来"。得道的人处在世间，心如明镜，一切都像镜子摆在那里，一切影像在他前面一照，如梦如幻。用镜子处世这个道理，可以用八个字概括："物来则应，过去不留"。"不将不迎"，"迎"就是欢迎，"将"就是去将就、去执着，既不执着也不欢迎，任何事情来了也不拒绝，顺其自然。"应而不藏"，一切恩怨是非，都不藏于心中，并非心中没有是非善恶，只是过去不留。"故能胜物而不伤"，修养到这样才能入世，这样才是道的最高境界。只有如此，才能不被物质所打垮，不被环境所诱惑，才不会伤害到自己，做到我还是我。

现实即人生，内心的恬淡与追求能够决定生活的外在与内涵。一个小和尚要去化缘，特别挑了一件破旧的衣服穿。"为什么挑这件？"师父问。"您不是说不必在乎表面吗？"小和尚有点不服气，"所以我找件破旧的衣服。而且这样施主们才会同情我，才会多给钱。""你是去化缘，还是去乞讨？"师父若有所思地说，"你是希望人们看你可怜供养你？还是希望人们看你有为，透过你度化千万人？"

是在现实中沉溺，还是在内心升华？博弈的双方，双赢或双败的概率总是等同的，关键在于你自己怎么做。

　　世间人与人之间、人与现实之间的博弈无时不在，无处不在。人生世事如棋，要想落棋不悔，就要讲求策略，要懂得如何应对这个纷繁多变的世界。

第四章

人情反复，世路崎岖

何为"人情世故"

究竟何为人情世故？

明朝诗人杨基在《闻蝉》中写道："人情世故看烂熟，皎不如污恭胜傲。""人情世故"不是简单的圆滑处世，不是假意的虚伪逢迎，不是单纯地屈服于现实，而是真正懂得生活的意义，安详地走完自己的人生。

其实，不管是为政或做事，都要靠人生经验的累积，懂得"人情世故"，方能自在做人。"人情"是指人与人之间融洽相处的感情，"世故"就是透彻了解事物，懂得过去、现在、未来，懂得人，懂得事。

孔子的一句感慨，道出了所谓人情世故："子曰：吾十有五而志于学，三十而立，四十而不惑，五十而知天命，六十而耳顺，七十而从心所欲，不逾矩。"

孔子说15岁的时候，立志做学问，15年后，根据他丰富的经验，以及经历过的人生磨炼，到了30岁，做人做事、处世的道理就"立"住了，然而，这时候还有怀疑，还有摇摆的现象。到了40岁，才真正没有任何疑惑，但这是对形而下的学问人生而言。再加10年，到了50岁，才"知天命"，天命是哲学的宇宙来源，这是形而上的思想本体范围。到了60岁，好话坏话尽管人家去说，耳中经过心中自定，毁誉不摇，明确是非善恶，对好的人觉得可爱，对坏的人，更觉得要帮助他，使其成为好人。然后再加10年，才"从心所欲"，而又不超过人与人之间的范围。

法国里昂，一位年逾古稀的布店老板生命垂危，临终前，牧师来到他身边。老人告诉牧师，他年轻时很喜欢音乐，曾经和著名的音乐家卡拉扬一起学吹小号。他当时的成绩远在卡拉扬之上，老师也非常看好他。可惜20岁时他迷上了赛马，结果把音乐荒废了，否则他一定是一位出色的音乐家。现在生命快要结束了，反思一生碌碌无为，他感到非常遗憾。他告诉牧师，到另一个世界后，如果再选择，他绝不会再干这种傻事。牧师很体谅他的心情，尽心地安抚他，并告诉他，这次忏悔对牧师本人也很有启发。

这位牧师便是法国最著名的牧师纳德·兰塞姆，无论在穷人心目中还是在富人区域里，他都享有很高的威望。在他的一生中，有1万多次亲自到临终者面前，聆听他们的忏悔。在他的人生后期，纳德·兰塞姆把他的60多本日记，内中全是这些人的临终忏悔编纂成书，但终因法国里昂大地震而毁于一旦。

纳德·兰塞姆去世后，安葬在圣保罗大教堂，墓碑上工工整整地刻着他的手迹：假如时光可以倒流，世界上将有一半的人可以成为伟人。

人总是越老越懂得人情世故，越老越能体味人生，如果人们将临终反思提前50年、40年、30年，那么世界上会有一半的人能更好地享受自己的人生。只可惜，虽然，人们在生活中不断积累着做人做事的经验，却未能将人生经验充分作用到后续的人生历程中。人们常常感叹时光飞逝，岁月蹉跎，却不知道自己在生活中到底得到了什么，又失去了什么。

人要将自己的经历当作一笔宝贵的人生财富，在不断完善自己的同时，吸取他人珍贵的人生经验。经验的积淀是人生的沉香，越久越浓，但如果你毫不在意，它便只是一块普通的木头。

如果人们从60岁时倒着向前活，那么世界上将会有更多的人可以成为伟人。每个人最后的反思，不到那最后一刻，谁也不知道。人之将死，其言也善，人们总是在临终的那一刻才感悟出了一些深刻的道理。

自本自根，在自己的生活中发掘道的含义，不要等到青丝变成白发才开始悔悟人生。在浓缩的人生经历中思考生命的真谛，让生命的内涵不断丰富，在积淀的人生中找寻生命的意义。

近则不孙远则怨

交友之道与豪猪哲学有什么关系？简而言之，借助孔子的一句话来说明这个问题："子曰：唯女子与小人为难养也！近之则不孙，远之则怨。"女子与小人最难办了，对她太爱护、太亲近了，她就恃宠而骄，让你无所适从，动辄得咎；对她疏远一些，她又怨恨你。天下的女人都恨死了孔子这句话，但思来想去，确实很有道理。

其实，孔子说的不仅仅是女人，还包括小人，而世界上的男人，够得上资格免刑于"小人"罪名的，实在是少之又少。因此，圣贤这一句话，虽然表面上骂尽了天下的女人，但又有几个男人不在被骂之列呢？

"近则不孙远则怨。"明智之人在交往之中懂得保持距离的智慧。孔子就非常佩服春秋时期的晏子对于交朋友的态度，晏子不轻易与人交朋友，但如果交了一个朋友，就会全始全终。对于我们来说，每个人都有朋友，但全始全终的很少，新朋友在增加，老朋友也在流失，正所谓："相识满天下，知心能几人？"然而，这位杰出的政治家、思想家对朋友却能全始全终。晏子让友情地久天长的要诀就在于"久而敬之"，交情越久，他对人越恭敬有礼，别人对他也越敬重。这四个字说来简单，做起来却不容易。一般来说，关系亲密的朋友，言谈举止都更为随便，就好比人们心情不好时总爱对亲密的人发脾气一样。但一时的口不择言，有时会变成永远的伤疤。因此，交友之道，便在于"久而敬之"。

朋友关系的存续是以相互尊重为前提的，容不得半点强求、干涉和控制。彼此之间，情趣相投、脾气对味则合、则交，反之，则离、则绝。朋友之间再熟悉、再亲密，也不能随便过头、不恭不敬，这样，默契和平衡将被打破，友好关系将不复存在。

　　每个人都希望拥有自己的一片私密天空，朋友之间过于随便，就容易侵入这片禁区，从而引起冲突，造成隔阂。待友不敬，有时或许只是一件小事，却可能已埋下了破坏性的种子。维持朋友亲密关系的最好办法是往来有节，互不干涉，久而敬之才能天长地久。

　　孔子还曾告诫弟子子贡"忠告而善道之，不可则止，毋自辱焉"。举个例子，朋友有不对的地方，听不进你的建议，如果你劝告的次数过多，反而还会与你慢慢疏远，甚至变成冤家。

　　中国文化中友道的精神，在于"规过劝善"，这是朋友的真正价值所在，有错误相互纠正，彼此向好的方向勉励，这就是真朋友，但规过劝善，也有一定的限度。朋友的过错要及时指出，"忠告而善道之"，尽心劝勉他，让他改正错误，但实在没有办法时，"不可则止"，就不要再勉强了。自古忠言逆耳，假如忠谏过分了，朋友的交情就没有了，尤其是共事业的朋友。历史上有许多先例，知道实不可为，只好拂袖而去，走了以后，还保持朋友的感情。

　　豪猪生长在非洲，身上的毛硬而尖。冬天到了，天气寒冷的时候，它们就聚在一起，互相依靠，借彼此的身体取暖。但是当它们靠近时，身上的毛尖会刺痛对方使它们立刻分开，分开后因为寒冷它们又聚在一起，聚在一起因为痛又分开，这样反复数次，最后它们终于找到了彼此间的最佳距离——在最轻的疼痛下得到最大的温暖。

　　其实，豪猪的距离对于友情同样适用，过于亲近，有时会被刺伤，过于疏远，又感受不到友情的温暖，只有把握好相处距离，才能让友谊之树常青。

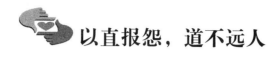

以直报怨，道不远人

人生究竟应该以德报怨，还是以怨报怨呢？

许多人说微生高这个人很直爽、坦率，但是孔子认为大家的话说过分了，他并没有符合这种修养。"或乞醯焉"，有人向他要一杯醋浆，他没有，自己便到别人家去要一杯醋来，再转给这个要醋的朋友。孔子认为这样的行为固然很好，很讲义气，但不算是直道。直道的人，有就是有，没有就是没有，不必转这个弯，以直报怨，以德报德，即可。

唐代娄师德的涵养是道家思想中以德报怨的典型代表。娄师德的弟弟要出任官员，临行前来向哥哥问询为人处世之道。娄师德问他："如果有人骂你，并且往你的脸上吐唾沫，你打算怎么对他呢？"他的弟弟大概以为自己的修为很好，非常自信地说："无论他怎么骂我，我都不还口。他吐唾沫我也不骂他，我把唾沫抹掉就是了。"娄师德一听觉得弟弟的涵养还没有那么高，于是告诉他："别人往你的脸上吐唾沫就是对你有怨恨，他是借唾沫来泄愤。如果你把唾沫给抹掉了，那么他泄愤的目的就没有达到，你不但不能抹去，还应该把你的另外半边脸伸过去。"

娄师德的想法是道家的想法，与孔子的观点有所差别，如果是儒家中人，你要是吐他一口唾沫，他肯定不会把另外半边脸伸过去。儒家的人多半是擦干净，然后一言不发地走开——不理你。没准儿遇到他心情不好，或者遇到像子路这样性格的还要和你大干一场，这就是孔子所说的"以直报怨"。

孔子为什么不赞成以德报怨呢？我们的人生经验会告诉我们，有的人德行不够，无论你怎么感化，恐怕他也难以修成正果。人们常说江山易改，禀性难移。一个人如果已经坏到底了，那么我们又何苦把宝贵的精力浪费在他的身上呢？现代社会生活节奏的加快，使得我们每个人都要学会在快节奏的社会中生存，用自己珍贵的时光做出最有价值的判断、选择。你在那里耗费半天的时间，没准儿人家还不领情，既然如此，就不用再做徒劳的事情了。

电影《肖申克的救赎》中有一句非常经典的台词："强者自救，圣人救人。"孔子是大圣人，所以他来拯救众人的灵魂，而我们都是平凡的人，能够做到自救已经很不错了。不要把自己当作一个圣人来看待，指望自己能够拯救别人的灵魂，这样做的结果多半是徒劳无益的，何不将时间用在更有价值的事情上呢？

结合不同的宗教教义，我们进一步看看孔子的"抱怨"观点："以直报怨"，以直道而行。是是非非，善善恶恶，对我好的当然对他好，对我不好的我就不理他，这是孔子主张的明辨是非的思想。但是，要记住，对方错了，要告诉他错在何处，并要求对方就其过错补偿。如果不论是非，就不能确定何为直，"以直报怨"的"直"不仅仅是直接的意思，以怨报怨才是直接的方式。"直"，既要有道理，也要告诉对方，你哪里错了，侵犯了我什么地方。

基督教奉行"以德报怨"，你对我坏，我还是对你好，你打了我的左脸，我就把右脸也凑过去，直到最终感化你；伊斯兰教则相反，以怨报怨，你伤害我，我也伤害你，以毒攻毒，以恶制恶，通过这种方法来消灭世界上的坏事。其实，二者都有失偏颇。以德报怨，不能惩恶扬善；以怨报怨，则冤冤相报何时了？

经济学家茅于轼陪一位外国朋友去首都机场，并打了辆出租车，等到从机场回来，他发现司机做了小小的手脚，没按往返计费，而是按"单程"的标准来计价，多算了60元钱。这时候有三种方法可以选择：一是向主管部门告发这个司机，那么他不但收不到这笔车费，还将被处罚；二是自认倒霉，算了；三是指出其错误，按应付的价钱付费。

外国朋友建议用第一种办法，茅于轼选择了第三种，他说，这是一种有原则的宽容，我不会以怨报怨，也不会以德报怨，而是以直报怨。如我仅还以德，那么他将不知悔改，实质上是在纵容他；我若还以怨，斤斤计较，则影响了双方的效率与效益；我指出他的错误，然后公平地对待他，则是最直截了当的方法。

生活中，人们不可避免地会被他人侵犯、伤害或妨碍，有的人可能是无意中冒犯了你，有的人可能是为了某种原因冲撞了你，有的人可能是为了一些蝇头小利而让你反感。这些算不上大奸大恶的小事，多是道德领域中的事，未必能达到法律的高度。咽下去，心有不甘；针锋相对，实在不值。

有人开玩笑地说："以德报德是正常现象；以怨报怨是平常现象；以怨报德是反常现象；以德报怨是超常现象。"以怨报怨，最终得到的是怨气的平方；以德报怨，除非真的达到一定境界，否则只会让你心中不知不觉存积更多的怨。其实，做人只要以直报怨，以有原则的宽容待人，问心无愧即可。

宽容不是纵容，不要让有错误的人得寸进尺，把错误当成理所当然的权利，继续侵占原本不属于他的空间。挑明应遵守的原则，柔中带刚，思圆行方，可以宽容他错误的行为，但要改正他的错误。

当人们面对伤害时，以德报怨恐怕大多数人都做不到，不必为难，你只须以直报怨就好了，不必委曲求全，也不要睚眦必报，有选择的、有原则的宽容，于己于人都有利。

 **无迁令，无劝成**

　　人生在世，有两种错误在所难免：一为迁令，一为劝成。

　　迁令与劝成是人生必须规避的两个常犯的错误。何谓"迁令"？比如说，老是让一个同学帮他拿一本书，这只是区区小事，举手之劳而已，结果这个同学却吩咐第三者去做：某某人，老师让你帮他拿一本书。推脱责任，推脱一切，就叫"迁令"，这是不负责任的做法。做人要做到"不迁令"，就不要推托一切，该自己去做的就去完成，不能让别人代劳。

　　"劝成"，是指勉强别人成功，对别人过度地要求，虽然本意是好的，但是往往适得其反，达不到预期的效果，误人不浅。所以做人做事都需要慎重地考虑。

　　一位16岁的少年去拜访一位年长的智者。他问："我如何才能变成一个自己愉快、也能够让别人愉快的人呢？"智者笑着望着他说："孩子，在你这个年龄有这样的愿望，已经是很难得了。很多比你年长许多的人，从他们问的问题本身就可以看出，不管给他们多少解释，都不可能让他们明白真正重要的道理，就只好让他们那样了。"少年满怀虔诚地听着，脸上没有流露出丝毫得意之色。

　　智者接着说："我送给你四句话。第一句话是：把自己当成别人。你能说说这句话的含义吗？"少年回答说："是不是说，在我感到痛苦忧伤的时候，就把自己当成是别人，这样痛苦就自然减轻了；当我欣喜若狂之时，把自己当成别人，那些狂喜也会变得平和中正一些？"智者微微点头，接着说："第二句话，把别人当成自己。"少年沉思了一会儿，说："这样就可以真正同情别人的不幸，理解别人的需求，并且在别人需要的时候给予恰当的帮助？"智者两眼发光，继续说道："第三句话，把别人当成别人。"少年说："这句话的意思是不是说，要充分地尊重每个人的独立性，在任何情形下都不可侵犯他人的核心领地?"智者哈哈大笑："很好，很好。孺子可教也！第四句话是，把自己当成自己。这句话理解起来太难了，留着你以后慢慢品味吧。"

少年说："这句话的含义，我是一时体会不出。但这四句话之间就有许多自相矛盾之处，我用什么才能把它们统一起来呢?"智者说："很简单，用一生的时间和经历。"少年沉默了很久，然后叩首告别。后来少年变成了壮年人，又变成了老人。再后来在他离开这个世界很久以后，人们还时时提到他的名字。人们都说他是一位智者，因为他是一个愉快的人，而且也给每一个见过他的人带来了快乐。

把自己当成别人，站在别人的角度思考问题，便不会将自己应做的事推到他人的身上；把别人当成自己，就能够真正理解他人所求所想，不会勉强他人做自己不愿做的事情；把别人当成别人，就会尊重每个人作为独立个体的尊严；把自己当成自己，则是将自己放在一个独立的天地中，做一个大写的人。

用一生的经历去体味这四句话的深意，时刻提醒自己莫犯了迁令、劝成的错误。

跳出三界外，不在五行中

人生中总有些事情难以避免，南怀瑾先生在讲解原本《大学》时，提到"诚意"，"所谓诚其意者，毋自欺也。如恶恶臭，如好好色，此之谓自谦。故君子必慎其独也。"

由自欺延伸开来，不得不提到明朝末年一位学者对于人生境界的理解。这位学者说，世界上任何一个人，活了一辈子只做了三件事，不是自欺，就是欺人，再不然就是被别人欺。

人，必须自己对自己负责，不能自欺，不能欺人，更不能被人欺。只有逃出这三件事，才能跳出三界外，不在五行中。

一个欺字，有两层含义，一为欺负，二为欺骗。

自己欺负自己，其实就是自己跟自己较劲，世上本无事，庸人自扰之，自己钻进牛角尖，时时刻刻愤世嫉俗，好像全世界的人都与你为敌，其实是自寻烦恼；自己欺骗自己，更是世人的通病，自以为是，眼高手低，把自己置于一个错误的位置，或不合时宜地扮演了一个错误的角色。如此这般，是别人的不幸，更是自己的悲哀。

欺骗别人的人，时时刻刻活在谎言中，说一句谎话，要用十句谎话来弥补，有时，连他自己都搞不清楚究竟是事实还是欺骗；欺负他人，更是一种怯懦的表现，恃强凌弱其实是色厉内荏。

被人欺，更是人生中不可避免的无奈。有人欺骗你，你最好可以分辨出他是出于恶意的欺骗，还是善意的谎言。恶意的要小心提防，避免被其所伤，善意的也许可以不去揭穿，让谎言留几分美丽。对于别人的欺负，要在心中画出一道底线，既不要因为他人的无理取闹而一时冲动，也不要在别人变本加厉之时步步后退。

人生总难摆脱无能为力的自欺欺人，因为每一个人在给自己的错误找理由的时候总能说服自己。自欺，欺人，被人欺，好比人生的三重门，人们总在三者之间徘徊往复，不自觉地走来走去。

如何才能逃出这三道禁锢呢？只有重新审视自己的人生。有人说，人的一生之中只有三件事，一件是"自己的事"，一件是"别人的事"，一件是"老天爷的事"。

今天做什么，今天吃什么，开不开心，要不要助人，皆由自己决定；别人心中的难题，他人的故意刁难，自己被误解的好心善意，被施以恶言，其实都是由别人主导的，与自己无干；天气如何，狂风暴雨，山石崩塌，人能力所不能及的事，只能是"谋事在人，成事在天"，过于烦恼，也是于事无补。

人总是忘了自己的事，爱管别人的事，担心老天的事，所以总逃不出自欺欺人的怪圈。要活得真实自在其实很简单：打理好"自己的事"，不去管"别人的事"，不操心"老天爷的事"。做一个好人其实很容易，拥有一个幸福的人生其实也很简单，自欺欺人的三重门其实可以很容易地踏出，只须记住：不要拿自己的错误惩罚自己，不要拿自己的错误惩罚别人，不要拿别人的错误惩罚自己。

人非圣贤，孰能无过？如果一有过错，就终日沉陷在无尽的自责、哀怨、痛悔之中，那么其人生的境况就会像泰戈尔所说的那样：不仅失去了正午的太阳，而且将失去夜晚的群星。人们都会为自己的过错而痛悔，但"不要拿自己的错误惩罚别人"并不是一种很容易达到的境界，它需要"胸藏万汇凭吞吐"的大器量。"不要拿别人的错误惩罚自己"，不让别人的做法决定自己的人生原则，为别人的错误埋单实在不是做人的"上算"。

欺人的，设身处地为他人想想；自欺的，真实面对现实和内心；被人欺的，只有自己尊重自己，才能摆脱他人将你置于的窘境。但愿每个人都能认识到自己心中所欠缺的东西。

意有所至而爱有所亡

世间最难揣摩的就是人心，人性丛林中有许多忌讳，一不小心便会跌入失败的陷阱，与人相处的学问一生也学不尽。

《庄子》中有一句话，"意有所至而爱有所亡"。这句话其实是在讲做人的道理。任何一个人，都有自由的意志，他爱好就是那一点，专注在那一点的时候，什么也无法改变。一个人入迷的时候，你要劝他"回头是岸"，难上加难。所以，明知道你爱他，有时候他出于自己的利益需要，就忘记你是为他着想了。因此人与人之间很难相处，无论夫妻、父母、兄弟，还是朋友，总之是"意有所至而爱有所亡"。

一只老山羊在小河边碰到一只小鸟在饮水，便说："你只顾在这里喝水，却完全不知道提高警惕，如果狐狸过来，你的小命儿就会丢掉了。"然后，又严肃地讲了许多道理。小鸟笑着表示接受。但老山羊一走开，小鸟就对身边的蚂蚁说："依仗胡子长冒充懂道理，去年，它的孩子还不是在这里让狼给吃了吗？"

老山羊的好心并没有得到好报，为什么？因为，某些时候，不管出于什么心态，也不管你的意见是对是错、是好是坏，一旦你主动提出来，你就犯了人性心理的忌讳，要知道，"意有所至而爱有所亡"。

每个人都在努力建立一个坚固的自我，以掌握对自己心灵的自主权，并经由外在的行为来检验自我坚固的程度。你若不了解此点，揭露了别人的错误，他就会明显地感觉自我受到了侵犯，有可能不但不接受你的好意，反而还采取不友善的态度。虽然，他内心明白，你的建议是为他着想，然而怒气上来头脑一热，想到的便只有坏处了。

庄子曾经看着围着茅屋飞进飞出的燕子，说道：鸟都怕人，所以巢居深山、高树以免伤害。但燕子特别，它就住在人家的屋梁上，却没人去害它，这便是处世的大智慧。人类见着鸟举枪便射，却对身边萦绕的燕子视而不见。燕子的叫声可谓婉转，却没有一个人将燕子放到笼子里，以听它的叫声取乐。燕子智慧的核心是什么？那就是距离。

人类是一种你不能离它太远，又不能离它太近的动物。比如珍禽猛兽害怕人，躲得远远的，人便结伙去深山猎捕它们，这是因为离人类太远。家畜因完全被人豢养和左右，人便可随意杀戮，这是因为离人类太近，近得没有了自己的家园。只有燕子看懂了人类，摸透了人类的脾气，又亲近人又不受人控制，保持着自己精神的独立，于是人便像敬神一样敬着燕子。有时，人要从燕子身上学学揣摩人心之道。

历史上的大奸臣都懂得"意有所至而爱有所亡"之妙，所以总是避免碰触君臣相处的禁区，因为即使你心怀社稷、一腔忠诚，也难免因一时的劝谏惹来日后的杀身之祸。其实懂了这个道理，就可以更巧妙地为人处世、成就大业了。

或许有人会以为懂得"意有所至而爱有所亡"之妙只会让人变得狡诈奸猾，不坚持方正之道了，其实不然，人心难测，要想自在做人，必须了解人性与现实。

即便身边的人知道你是在为他好，也会在一时的冲动下伤害你的好意，正如一心直言进谏、忠心社稷的魏征即便被后世称为一代良臣名相，被李世民引为"得失铜镜"，最终还是难逃晚年唐太宗的积恨爆发，墓碑被砸，一段君臣佳话以此为终。虽然唐太宗之后又悔恨不已，但意有所至之时便浮云遮目了。

在人性丛林中要小心行走，不要无意中得罪了他人却不自知，学会像外交家一样为人处世，不是教你诈，而是教你看清世事与人心。

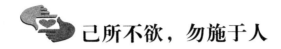 # 己所不欲，勿施于人

有没有一句话可以作为终身履践的座右铭？从孔子的言论中我们就能找到答案。

子贡问孔子，人生修养的道理能不能用一句话来概括？为人处世的道理有很多，有没有一个简洁明了，终身都可以照此目标去做的？孔子对此讲出了"恕"道——己所不欲，勿施于人。子贡随后说出了自己的理解，即"我不欲人之加诸我也，吾亦欲无加诸人"。孔子说子贡还是没有真正达到"恕"的境界。

孔子与子贡有几分相似的说法。子贡是说，我不想让别人加给我的那些不合理的东西，我同样也不想加到别人身上。其实，这是以我为中心，在自己受到伤害之后，才想到不要同样地找别人的麻烦。而孔子所强调的"己所不欲，勿施于人"，是说只要我自己发现不要的，便不要再施加于别人。二者的区别在于，孔子的"恕道"是由己及人，严格要求自身的净化，不要靠比较以后才想到别人。

这是一个真实的故事，故事发生在非洲某个国家内。那个国家白人政府实施"种族隔离"政策，不允许黑皮肤人进入白人专用的公共场所。白人也不喜欢与黑人来往，认为他们是低贱的种族，避之唯恐不及。

有一天，有个白人女孩在沙滩上做日光浴，由于过度疲劳，她睡着了。当她醒来时，太阳已经下山了。此时，她觉得肚子饿了，便走进沙滩附近的一家餐馆。她推门而入，选了张靠窗的椅子坐下。她坐了约 15 分钟，没有侍者前来招待她。她看到那些招待员都忙着侍候比她来得还迟的顾客，对她则不屑一顾，她顿时怒气满腔，想走向前去责问那些招待员。当她站起身来，正想向前时，眼前有一面大镜子，她看着镜中晒黑的自己，眼泪不由夺眶而出。

"己所不欲，勿施于人"，是一种高尚的人格修养，也是一种同理心的表现，在与人交往的过程中，能够体会他人的情绪和想法、理解他人的立场和感受，并站在他人的角度思考和处理问题。用自己的心推及别人，自己希望怎样生活，就想到别人也会希望怎样生活；自己不愿意别人怎样对待自己，就不要那样对待别人；自己所不愿承受的，不要去强加在别人头上。

一个哲学家在海边亲眼目睹一艘船遇难，船上的人全部葬身大海。他便抱怨上帝不公，只为了一个罪恶的人偶尔乘坐这艘船，竟让全船无辜的人都死去。正当他深深沉思、感慨万分时，发现自己被一大群蚂蚁围住了。原来哲学家恰好站在一个蚂蚁窝旁边，有一只蚂蚁爬到他脚上，咬了他一口，又疼又恼的他立刻用脚踩死了所有的蚂蚁。这时，上帝出现了，他看着哲学家说："你自己也和上帝一样，如此对待众多可怜的蚂蚁，又有什么资格批判上苍的行为？"

不仅要善于对待自己，更要善于对待别人。当你在苛求别人的时候，你可能正在犯同样的错误。人往往是自私的，普通人大都有这样的通病：自己不愿意的，却推给别人。世界是由许多人组成的一个整体，人与人之间需要尊重和理解。你可能有权利非公平地对待其他人，但你这种非公平的态度，将会使你最终"自食其果"。因为别人也可能会用同样的方式对待你。

己所不欲，勿施于人。谨记这句可以履践终生的圣人箴言，你将受益一生。

第五章

于事无心，于心无事

一切烦恼，其实都是自寻烦恼

"百年三万六千日，不在愁中即病中。"古人的诗句可谓一语道破了人生的真谛。

世界上的人，每天都在忙碌、不安和烦恼中度过，一个烦恼过去，下一个烦恼又来了，愁工作、愁财富、愁生活，甚至有时候顾影自怜……总之，各种各样的烦恼层出不穷，永不停息。

人们每天都在烦恼些什么呢——很多人每天都在"无故寻愁觅恨"。这是《红楼梦》中的一句话，描写一个人的心情。其实每个人都是如此啊！"无故"，没有原因的，"寻愁觅恨"，心里讲不出来，烦得很。"有时似傻如狂"，这本来是描写贾宝玉的昏头昏脑境界，饭吃饱了，看看花，郊游一番，坐在那里，没有事啊！烦，为什么烦呢？没有理由的。

世间的人大多如此，每天都被各种各样莫名其妙的烦恼所包围，心灵永远没有平静的时候，甚至在睡觉的时候，都在做各种各样奇怪的梦。

《西厢记》也有对人心理情绪描写的词句："花落水流红，闲愁万种，无语怨东风。"没得可怨的了，把东风都要怨一下。唉！东风很讨厌，把花都吹下来了，你这风太可恨了。然后写一篇文章骂风，自己不晓得自己在发疯。这就是人的境界，花落水流红，闲愁万种是什么愁呢？闲来无事在愁。闲愁究竟有多少？有一万种，讲不出来的闲愁有万种。结果呢？一天到晚怨天尤人，没得可怨的时候，"无语怨东风"。

其实，何止是常人会在那儿无故寻愁觅恨，一些没有成就佛法的高僧往往也会如此。

白云守端禅师在方会禅师门下参禅，几年来都无法开悟，方会禅师怜念他迟迟找不到入手处。一天，方会禅师借着机会，在禅寺前的广场上和白云守端禅师闲谈。方会禅师问："你还记得你的师父是怎么开悟的吗？"白云守端回答："我的师父是因为有一天跌了一跤才开悟的，悟道以后，他说了一首偈语：我有明珠一颗，久被尘劳封锁，今朝尘尽光生，照破山河万朵。"

方会禅师听完以后，大笑几声，径直而去。留下白云守端愣在当场，心想："难道我说错了吗？为什么老师嘲笑我呢？"白云守端始终放不下方会禅师的笑声，几日来，饭也无心吃，睡梦中也经常会无端惊醒。他实在忍受不住，就前往请求老师明示。

方会禅师听他诉说了几日来的苦恼，意味深长地说："你看过庙前那些表演猴把戏的小丑吗？小丑使出浑身解数，只是为了博取观众一笑。我那天对你一笑，你不但不喜欢，反而不思茶饭、梦寐难安。像你对外境这么认真的人，比一个表演猴把戏的小丑都不如，如何参透无心无相的禅呢？"

有这样一句古诗："多情自古空遗恨，好梦由来最易醒。"这就是人生。好梦最容易醒，醒来想再接下去却接不下去，所以，不要去叫醒梦中人，让他多做做好梦。

多情乃是以自我为中心，自己骗自己"好梦由来最易醒"，好的事情一下子就没有了，尤其做好梦醒来以后，还希望再接下去，可是好梦却不再。

那么，我们该怎么做？很简单，"天下本无事，庸人自扰之"。只要你不自扰，不做庸人，就是学佛法门。其实，不管学不学佛，如果一个人在面对世事变幻的时候，能够始终保持自己的本心，不自寻烦恼，就能获得一个快乐圆满的人生。

生活是一件艺术品，每个人都有自己认为最美的一笔，每个人也都有认为不尽如人意的一笔，关键在于你怎样看待。有烦恼的人生才是最真实的，同样，认真对待纷扰的人生才是最舒坦的。

人最怕的就是怨天尤人，有烦扰才是人生，又何必寻愁觅恨怨东风？

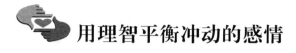

用理智平衡冲动的感情

人生总会遇到各种各样的纷扰与矛盾，人们常常会不知所措。只有培养内心的品德，用理智控制情感，拥有明辨是非的智慧，才能做到先事后得、做事从容。

孔子曾经向樊迟解释"崇德、修慝、辨惑"的含义：崇德即如何把内在的气质培养到崇高的境界；修慝是完善内心的修养，平衡自己矛盾的心理，化解理智与情感的矛盾，求得平和与安详；辨惑，就是做到有真正明辨的智慧，对于善恶、是非、情势都了如指掌，没有迷惑。

"子曰：已矣乎！吾未见能见其过，而内自讼者也。"意思是：算了吧，我从来没有看到过一个人，能随时检讨自己的过错，而且在检讨过错以后，还能在内心进行自我审判。如何审判？就是自己内在打天理与人欲之争的官司，就是如何善用理智平衡冲动的感情。

人往往在不了解、不思考、无理智、无耐心、不体谅、不反省的情况下任凭感情的冲动控制自己。人生随时随地都是如此，每个人都有理智，都很清醒，有的事不愿做，但欲望一起，就压不下去，理智始终克服不了情欲。因此，为人处世重在内讼和自省。

自省和内讼是道德完善的重要方法，是治愈错误的良药，它能给我们混沌的心灵带来一缕光芒。当我们在人生的迷宫中不知所措时，在我们掉进了罪恶的深渊时，在我们的灵魂遭到扭曲时，在我们自以为是而沾沾自喜时，自省就像一眼清泉，将思想里的浅薄、浮躁、消沉、阴险、自满、狂傲等污垢涤荡干净，重现清新、昂扬、雄浑和高雅的旋律，让生命重放异彩，生气勃勃。当一场天理与人欲的官司以欲望的失败而告终，清醒的理智战胜了澎湃的情感，你便会找回内心的平静。

欲望和欲望对象之间，有一种互相强化的关系，尤其是在欲望没有得到满足前更是如此。所以，隔绝欲望和欲望对象，便有助于将欲望维持在一定的"度"中。一个无法用理智克制欲望的人，会因为缺乏自制力而难以在事业上取得成功。

春秋五霸之一的楚庄王便曾在理智与人欲的审判中战胜自己的欲望。有一次，令尹子佩请楚庄王赴宴，他爽快地答应了。子佩在京台将宴会准备就绪，就是不见楚庄王驾临。第二天，子佩拜见楚庄王，询问不来赴宴的原因。楚庄王对他说："我听说你在京台摆下盛宴。京台这地方，向南可以看见料山，脚下正对着方皇之水，左面是长江，右边是淮河，到了那里，人会快活得忘记了死的痛苦。像我这样德性浅薄的人，难以承受如此的快乐。我怕自己会沉迷于此，流连忘返，耽误治理国家的大事，所以改变初衷，决定不来赴宴了。"了解这件小事便可以知道为什么楚庄王能够"三年不鸣，一鸣惊人；三年不飞，一飞冲天"，成为一个治国有方的英明君王。

人们常常以为一时的越轨能够逃避得了应有的惩罚，其实，逃得了惩戒，也逃不过道德的眼睛。站在宗教的角度说，逃过了道德的眼睛，最终也逃不过上帝的眼睛，美国的保守主义者近似苛刻的律己行为便来源于他们对上帝的尊敬，在他们看来，上帝始终关注着每一个人。跳出宗教的教化，其实这是让你遵从内心的道德。上帝的眼睛就是你的无限后退，你不断跳出自己、审视自己，就是自己的眼睛，你的眼睛的无限后移就是自己的上帝。所以，不要以为没有人在看着你，你的心中自有一台天平。

过于理智与过于感性的人都会丧失许多东西，如何在理性和感性间寻求一个平衡？答案是——感性做人，理性做事，在真实体会感觉的同时还能攻防有序、收放自如，做到乐而不淫、哀而不伤。然而，理智与情感的平衡十分不易，需要一个很长的人生过程来沉淀自己复杂的心绪，真正认清自己。

每个人的心中都隐藏着一个审判官，时时刻刻打着理智与欲望的官司，即便现实中欲念操纵了理智，但内在良心的谴责是永远无法轻易摆脱的。

抛却妄念，心如止水

人的学问修养、身心状况，如何才能达到微妙玄通、深不可识的境界？"孰能浊以静之徐清"，谁能够在浊世中慢慢修习到身心清静？佛曰："静若止水之心境，脱俗超凡矣。"

以后世佛道合流的话来说，即"圆同大虚纤尘不染"，不容尘埃，亦没有金屑，纯清绝顶。

一言以蔽之，即止水澄波。

一杯混浊的水，放着不动，长久平静下来，混浊的泥渣自然沉淀，终至转浊为清，成为一杯清水。心如止水，由浊到静，由静到清，在混浊动乱的状态中平静下来，慢慢稳定，使之臻于纯粹清明的地步。

儒家曾子在其所著《大学》中讲述修身养性时说"知止而后能定，定而后能静，静而后能虑，虑而后能得"，亦同此理。

侍郎白居易曾问广宽禅师："既曰禅师，何以说法？"禅师说："无上菩提者，被于身律，说于口为法，行于心为禅，本质是一样的。譬如江河湖海，名称虽然不一，水性却无二致。律即是法，法不离禅，为什么要起妄念加以分别？"白侍郎又问："即无分别，何以修心？"禅师认真地回答："心本来无损，为什么还要说修？不论好的念头还是不好的念头，要一念勿起。"白侍郎听了十分不解，问："不好的念头当然不应该有，好的念头为什么也不要起？"广宽禅师微微一笑，说："这好比人的眼睛，里面容不得沙子，同样也容不得金屑。"

苏东坡有一次经过一条河，看到一座塔，叫僧伽塔。他听人说拜过这塔就会得到顺风，以后一路平安。他拜了一拜，果然得到顺风，不由欣喜。许多年后，他已阅尽世情，通晓百态，再经过这条河，再看到这座塔，想起多年前的插曲，心境全然不同。这次他没有下拜乞风，只是写了一首诗《泗州僧伽塔》："至人无心何厚薄，我自怀私欣所便。耕田欲雨刈欲晴，去得顺风来者怨。若使人人祷辄遂，造物应须日千变。今我身世两悠悠，去无所逐来无恋。"耕田的人要下雨，收割的人却要天晴。去的人得到顺风，同一时间要回来的人不是得到逆风了吗？老天爷可怎么办呢？他要帮助谁呢？一切尽随天意罢了。

有人或许以为不存恶念，理所当然；不存善念，却于情理不合。老子提倡的其实是"愿天常生好人，愿人常做好事"，愿人守住本身的纯朴善良，不要追逐刻意的为善。

有一个学僧到法堂请示禅师道："禅师！我常常打坐、时时念经、早起早睡、心无杂念，自忖在您座下没有一个人比我更用功了，为什么就是无法开悟？我应该怎么做呢？"禅师说："饿了就吃饭，困了就睡觉。"学僧不解，便问道："天下所有人不都是一样的吗？饿了吃饭，困了睡觉。"禅师答："不同。"学僧问："有何不同？"禅师语重心长地说："有人吃饭时，不肯吃饭，很多要求；睡觉时，不肯睡觉，胡思乱想。"

人们心中总难免产生许多妄念，其实，该吃饭时就吃饭，该睡觉时就睡觉，不要让得失纷扰萦绕心头，便能获得心灵的宁静。人本是人，不必刻意去做人；世本是世，无须精心去处世，这便是为人处世之道。

别陷入"色厉内荏"的陷阱

人们对"色厉内荏"这个词并不陌生，然而，这个词其实包含着多重含义。

孔子曾说，外表严厉、内心虚弱，若用小人来做比喻，大概就像个钻洞爬墙的小偷吧？常言道"做贼心虚"，色厉内荏的人同样如此。

外强中干，表面上峨冠博带，威风凛凛，内心则非常空虚，他们相当于低级的小人，好比一个小偷，被人抓到时，嘴上非常强硬，而实际上内心非常害怕。一个人内心没有真正的涵养，就会变成"色厉内荏"，外表满不在乎，内心却慌得要命。

有一则寓言，一个作恶多端的人一直对别人说他天不怕、地不怕，一次他与一位贤者同乘一条船航行，当暴风雨来袭，船处于万分紧急之时，恶人跪下来大声祈祷。贤者轻声对他说："安静吧，我的朋友，若天神发现你在船上，这船必沉无疑。"恶人马上沉默了。这些色厉内荏的人嘴上说对自己的行为毫不在乎，其实内心的惧怕却是时刻存在的，尤其在危险来临之时。

生活中也是一样，反省自己，有时生活窘迫，过着"穷不到一月，富不到三天"的日子，表面上充阔气，内心里很痛苦，也是"色厉内荏"的一种，只不过自己不曾意识到。

有一则小故事讲的便是这样一种人：一对夫妇的一个朋友从国外回来，给他们带了一篮价格昂贵的苹果。夫妻俩觉得很新鲜，把苹果放在果盘里摆着，一直舍不得吃。后来妻子认为这样好的苹果，放在一个普通的果盘里，显得那么的不协调，于是他们狠狠心买了价值不菲的水晶果盘，觉得这样才配得上这些色泽美丽的苹果。可过了一段时间后，他们又发现放置果盘的茶几太旧了，实在不配，于是又买了一个新茶几。既然买了新茶几，肯定也要买配套的沙发，不久，沙发也搬回家了。但更糟糕的事情发生了，贵重的果盘、新式的茶几、流行的沙发和其他家具是那样的格格不入，于是他们狠狠心，把家里的家具全换了一遍。家具换完了，这下是房子了，这房子还是这对夫妇刚工作的时候单位分的旧房，也有十几年的历史了。他们最后下定决心，要换就换彻底。他们把旧房子卖了，又向朋友东借西凑，好不容易买了一栋小商品房。当二人坐在新家里，再次款待那位朋友时，女主人让朋友给她的新家提点意见，朋友笑了笑，指着空空如也的水晶果盘说，里面放上些苹果不是更好吗？夫妻二人忽然发现他们已很久很久没有吃苹果了。

求得内心的坦荡与安宁是人生快乐的秘诀，内外一致，不要陷入你不曾感觉到的"色厉内荏"的痛苦陷阱中。人生本来是什么就是什么，生活原本应该怎样就怎样，用富裕的外表掩盖贫穷的本质，无论生活或人生，都将以痛苦终结。

有两种人，一种人不怨天不尤人，甘于平淡，这是一种高度的道德修养，譬如曾子。还有一种人，不得志的时候委屈，乃至一辈子委屈都能够忍受，而得志时，亦能驰骋群雄之上。这两种人"卑身之事则同"，不得志的时候，生活形态搞得很卑贱，被人看不起的那个情形是相同的。可是处在卑贱时，这两种人的思想情操，则绝对不同。一种是英雄情操，得志就干，不得志只好委屈；另一种是道德情操，认为人生本来就是要平淡，并不是要富贵，所以"居卑之情已异"。这两种人都不会陷入"色厉内荏"的痛苦中，其思想境界平常人也都很难达到。

懂得自处，学会与人相处，守住本分，保持一颗平常心，任庭前花开花落，看天边云卷云舒，做好自己应做的事，便可以了。人生是个大舞台，乱哄哄，你方唱罢我登场，要想不沦为看客眼中的绕梁小丑，只有找到自己的立场，选择合适的态度。

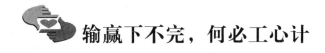

输赢下不完，何必工心计

世事终无定，一切皆未央。

天地万物，都在永远不息的动态中循环旋转，在动态中生生不已，并无真正的静止。一切人事的作为、思想、言语，都同此理。是非、善恶、祸福、主观与客观，都没有绝对的标准。"荒兮其未央哉"，"荒"形容像荒原沙漠一样，无边无尽，好比《易经》中的最后一卦——未济。无论是历史，还是人生，一切事物都是无穷无尽、相生相克，没有了结之时。

明末崇祯年间，有人画了一幅画，巍然耸立的一棵松树，树下有一方大石，大石上摆着一个棋盘，棋盘上面几颗疏疏落落的棋子，意境深远，若有所指。当时的高僧苍雪大师在画上写了一首诗，将画中之意挥洒得淋漓尽致："松下无人一局残，空山松子落棋盘。神仙更有神仙着，毕竟输赢下不完。"此诗以一个方外之人的超然心境，将所有人生哲学、历史哲学包含其中。人生如同一局残棋，你争我夺，世世相传，输赢二字永远也没有定论。

人生如棋局，众生如棋子，输赢下不完，何必工心计。

宇宙间的万事万物时时刻刻都在变化，任何时间，任何地方，一切事情刹那之间都会有所变化，不会永恒存在。生命如莲，次第开放，人生不过一次旅行，漫步在时空的长廊，富贵名利，不过过眼云烟。

庄子临终时，弟子们准备厚葬自己的老师。庄子知道后笑了笑，幽了一默："我死了以后，大地就是我的棺椁，日月就是我的连璧，星辰就是我的珠宝玉器，天地万物都是我的陪葬品，我的葬具难道还不够丰厚？你们还能再增加点什么呢？"学生们哭笑不得地说："老师呀！若要如此，只怕乌鸦、老鹰会把老师吃掉啊！"庄子说："扔在野地里，你们怕飞禽吃了我，那埋在地下就不怕蚂蚁吃了我吗？把我从飞禽嘴里抢走送给蚂蚁，你们可真是有些偏心啊！"

一位思想深邃而敏锐的哲人，一位仪态万方的散文大师，就这样以一种浪漫达观的态度和无所畏惧的心情，从容地走向了死亡，走向了在一般人看来令人万般惶恐的无限的虚无。其实这就是生命。

20世纪，一位美国的旅行者去拜访著名的波兰籍经师赫菲茨。他惊讶地发现，经师住的只是一个放满了书的简单房间，唯一的家具就是一张桌子和一把椅子。"大师，你的家具在哪里？"旅行者问。"你的呢？"赫菲茨回问。"我的？我只是在这里做客，我只是路过呀！"这美国人说。"我也一样！"经师轻轻地说。

既然人生不过是路过，便用心享受旅途中的风景吧。

引用辛弃疾的两句词："须知忘世真容易，欲世相忘却大难。"自己要将这个社会遗忘，还算容易，但要社会将你轻易地忘掉，可是难上加难了。所以老子最后只好骑着青牛，悄悄逃出函谷关去了。

人生如棋局，扑朔迷离。世上总有走不完的路，如果你无法达到最终所想，也没什么大不了，走好能走的一步，便不是死局。

竞秀禅师身边聚拢着一帮虔诚的弟子，这天，他嘱咐弟子每人去南山打一担柴回来。弟子们匆匆行至离山不远的河边，只见洪水从山上奔泻而下，渡河打柴绝无可能，于是无功而返。弟子们低着头来到禅师面前，说明原因，一个小弟子从怀中掏出一个浆果，坦然地对禅师说："过不得河，河畔结满浆果，我摘了一个给师父。"禅师微笑颔首，对弟子们说："世间总有过不了的河，过不了就回头，这就是一种智慧；回头之时，看看自己能做什么，这也是一种智慧。"

人生这条路很难走，生命活着要有价值，自己处世要有艺术，在不同的环境中，要懂得怎么处，否则只会自取其辱。

自从人生下来的那一刹那起，就注定要回去。这中间的曲折磨难、顺畅欢乐便是人的命运。不要因为命运的怪诞而俯首听命于它，任凭它摆布。

于事无心，于心无事

"相濡以沫，不如相忘于江湖"，这句话出自《庄子·大宗师》："泉涸，鱼相与处于陆，相呴以湿，相濡以沫，不如相忘于江湖。"泉水干涸了，两条鱼为了生存，彼此用嘴里的湿气来喂对方，苟延残喘，显得仁慈义气。但与其在死亡边缘才这样互相扶持，还不如大家安安定定地回到大海，悠游自在，互不照顾来得好。

后人多用"相濡以沫"来形容夫妻间不离不弃的感情，虽然俗语道"夫妻本是同林鸟，大难临头各自飞"，但还有许多相爱之人患难中真情常在，犹如涸泽中两条相濡以沫的小鱼，艰难地生活着。

然而，从另一个角度看，对于世俗之人来说，与其患难见真情，还不如根本无情，在安定的生活中因无此需要而各不相帮，无风无浪才好，至于那些无事生非，本已得享平淡恬静，却仍不安分的人，便更相形见绌、不堪一提了。"相濡以沫"，或许令人感动；而"相忘于江湖"则是另一种更为坦荡、淡泊的境界。人为的仁爱毕竟是有限的，当人需要仁爱来相互救助时，这世界便已不好了，大自然的爱是无量的，所以人应相忘于自然，如同鱼相忘于江湖。

鱼离不开水，所以养鱼要故意挖个池塘放上水，才能把鱼养住。那么，道是"自本自根"的，但人找不到，怎么办？"无事而生定"，即你的心中，一天到晚要"无事"，心中无事，就是真正的定。

真正的定要做到"于事无心，于心无事"的境界，能入世做事情，但心中没有事，为俗事操劳忙碌，"喜怒哀乐发而皆中节"，但心中不留事，这样才是真正做到无事而生定。

孔子告诉子贡，有静定而得道，能够找回自己本有的道。因此做了一个结论，"鱼相忘乎江湖，人相忘乎道术"。孔子开始说，养鱼必须挖塘放水，让鱼在里面悠游自在，而修道必须要做到心中无事，才能生定。进一步来讲，如同鱼在水里面不知道有水，真得了道的人，也不觉得自己有道。

有一条鱼在很小的时候被捕上了岸，渔人看它太小，而且很美丽，便把它当成礼物送给了女儿。小女孩把它放在一个鱼缸里养了起来，每天它游来游去总会碰到鱼缸的内壁，心里便有一种不愉快的感觉。后来鱼越长越大，在鱼缸里转身都困难了，女孩便给它换了更大的鱼缸，它又可以游来游去了。可是每次碰到鱼缸的内壁，它畅快的心情便会黯淡下来，它有些讨厌这种原地转圈的生活了，索性静静地悬浮在水中，不游也不动，甚至连食物也不怎么吃了。女孩看它很可怜，便把它放回了大海。它在海中不停地游着，心中仍一直快乐不起来。一天它遇见了另一条鱼，那条鱼问它："你看起来好像是闷闷不乐啊！"它叹了口气说："啊，这个鱼缸太大了，我怎么也游不到它的边！"

世上本无事，庸人自扰之。如果说相忘于江湖是一种"道"的境界，那么为自己找一个"边"，便是陷入了自己的心结中。

《红楼梦》中提到一个参禅的故事：当日南宗六祖惠能，初寻师至韶州，闻五祖弘忍在黄梅，他便充役火头僧。五祖欲求法嗣，令徒弟诸僧各出一偈。上座神秀说道："身是菩提树，心如明镜台，时时勤拂拭，莫使有尘埃。"彼时惠能在厨房碓米，听了这偈，说道："美则美矣，了则未了。"因自念一偈曰："菩提本非树，明镜亦非台。本来无一物，何处染尘埃？"五祖闻言便将衣钵传给了惠能。

因此，当宝玉写下禅语"你证我证，心证意证，是无有证，斯可云证。无可云证，是立足境"时，黛玉立即给予点破："无立足境，是方干净。"林黛玉补上的这八字正是《红楼梦》的文眼和最高境界。无立足境，无常住所，相忘江湖，才会放下占有的欲望；本来无一物，现在又不执着于功名利禄和琼楼玉宇，自然就不会陷入泥浊世界之中。

按住心兵不动，管他兵荒马乱

每个人的心中都有理性和情绪上的斗争，自己随时随地在和自己争讼，这种"心、意、识"自讼的状态就叫作"心兵"。普通人心中随时都在打内战，如果妄念不生，止水澄波，心兵永息，自然天下太平。

心兵慌乱之时需要"快刀斩乱麻"，就像最终成为亚细亚王的亚历山大在面对戈迪亚斯的神秘绳结时一样，一剑落下，绳结自开。如果在纷扰之中心兵慌乱，乱作一团，最终只会溃不成军。然而，许多人在面对纷繁复杂的问题时，通常会兵荒马乱，自乱阵脚。

一个人经过两山对峙间的木桥，突然，桥断了。奇怪的是，他没有跌下，而是悬在半空中。脚下是深渊，是湍急的涧水；他抬起头，一架天梯荡在云端，望上去，天梯遥不可及。倘若落在悬崖边，他绝对会乱抓一气，哪怕抓到一根救命小草。可是这种境地，他彻底绝望了，吓瘫了，心慌意乱，不知如何是好。渐渐地，天梯缩回云中，不见了影踪，云中有个声音告诉他，其实这是障眼法，只要轻轻踮起脚尖儿就可以够到天梯，如果手足无措、自乱阵脚，便会真的陷入绝境。

人生就是如此，从容淡定中，就是另一条生命，另一种活法，另一番境界。有句佛语叫掬水月在手，苍天的月亮太高，凡尘的力量难以企及，但是开启智慧，掬一捧水，月亮美丽的脸就会笑在掌心。

有一则有趣的笑话，下雨了，大家都匆匆忙忙往前跑，唯有一人不急不慢，在雨中踱步。旁边大步流星跑过的人十分不解："你怎么不快跑？"此人缓缓答道："急什么，前面不也在下雨吗？"

如果从另一个角度看，当人们在面临风雨匆忙奔跑之时，那个淡然安定欣赏雨景的人，其实深谙从容的生活智慧。在现代都市竞争的人性丛林，从容淡定是一种难以达到的大境界，别人都在杞人忧天、慌不择路，只有他镇定从容。

一首耳熟能详的歌中唱道："曾经在幽幽暗暗反反复复中追问，才知道平平淡淡从从容容才是真。"

中国古代的一位君王，在接见新来的臣子时，总是故意叫他们在外面等待，迟迟不予理睬，再偷偷看这些人的表现，并对那些悠然自得、毫无焦躁之容的臣子委以重任。无独有偶，古罗马也有位皇帝，常常派人观察那些第二天就要被送上竞技场与猛兽空手搏斗的死刑犯，仔细观察他们酷刑前的一夜有什么样的表现。对于那些在惶恐众人中安枕沉睡且面不改色的人，通常在第二天早上悄悄释放，并将其训练成带兵打仗的猛将。

一个人的胸怀、气度、风范可以从细微之处表现出来。或许，古罗马的那位皇帝以及中国的那位君王之所以对死囚或新臣另眼相看，便是从他们细微的动作情态中看到了那份处变不惊、遇事不乱的从容。

从容让你在车马喧嚣之中多一分理性，在名利劳形之中多一分清醒，在奔波挣扎中多一分尊严，在困顿坎坷中多一分主动。从容是一种处世泰然，是一种宠辱不惊；从容是以一颗平常心接受着现实的凝重、琐碎、磨难甚至屈辱。

任何时候都不要兵荒马乱，你欠缺的只是一种从容的淡定与看透生命的勇气。

第六章

背着名利的压力注定不能走远

背着名利的压力注定不能走远

名利，是伤及世人生命的两件凶器。庄子借孔子的嘴说出了一句人生的名言："名也者，相轧也；知也者，争之器也。"名与利，本来就是权势的必要工具，名利是因，权势是果。

乾隆皇帝下江南时，来到江苏镇江的金山寺，看到山脚下大江东去，百舸争流，不禁兴致大发，随口问道记和尚："你在这里住了几十年，可知道每天来来往往多少船？"高僧回答："我只看到两只船。一只争名，一只夺利。"一语道破天机。

人为了求名，不择手段，人类自己的知识技巧，成了斗争的工具，最终为名所困。千百年来，读书人为了金榜题名而发奋苦读，并非为了真正的学问，这就是争斗心理的开始。人类的历史，尤其是中国的历史，数千年来每个朝代，在皇帝面前党派意见的纷争，都是因"名、利"而引发的。

人最高的道德，应该把"名心"抹平，这个境界是很难达到的。庄子下面提到，"一以己为马，一以己为牛"，人家叫我是牛，很好，叫我是马，也好，人把虚荣心去掉了，一任时人牛马呼。

所以为了求名成功，为了好胜而求知识，这两样都是杀生的武器，杀人不见血，破坏自己的生命。争名逐利，不是道德的行为，不是真正地懂得人生。

为了求名，不择手段，超过了道德的范围，破坏了人生行为的标准。一个人的道德修养，为什么不能守本分呢？只是因为名心的驱使。

一只芦花鸡总是丢蛋，女主人每天都要四下寻找。后来，邻居告诉她一个方法：这鸡丢蛋丢野了，放个"引蛋"，它就不会乱跑了。于是主人把芦花鸡放进草筐的时候，在鸡的肚子下放了一个鸡蛋，果然，芦花鸡不到处乱跑了。后来，主人再放进去的，只是两半对接的蛋壳，芦花鸡下蛋的时候径自就奔着那草筐去了。有一次，另一只鸡提前占了它的窝，芦花鸡安静地在旁边等了一会儿，直到那只鸡把蛋下出来，它才探头探脑地跳了上去。再后来，主人干脆放进去一个半圆的土豆，那鸡也照样上去。那个土豆在草筐里整整待了一个夏天。秋天的时候，已经干瘪得又黑又蔫，但芦花鸡因为这个土豆，没有再丢过一个蛋。

或许，人们会不理解，挺野的鸡，怎么会乖乖地听命于一个土豆呢？其实，人又何尝不是如此呢？许多人都习惯地奔赴着一个既定的目标，在生活中重复着芦花鸡和土豆的故事，而这个土豆便是让人无法轻易描绘出的"名心"。

智慧越高，知识越多的人，意见越有害。走进历史，结合人生来看，不要看读书人教育受得多，其实学问越高，意见越多，有时候越难办。越是知识分子，越要争名争意见，顽固不化。所以古人说，没有受过教育的人，常常为欲望而吵架，欲望满足了，就不吵了；知识分子则不单单是为欲望，欲望满足了也要吵，意见之争，故生"党祸"。人们难免犯"德荡乎名，知出乎争"的毛病，这便是"名心"在作祟，"名心"含义极丰，知名、成就、名理、观念均包含在内。

从前，卫国有一群演戏的艺人，因为遇上年岁饥荒，便到他乡卖艺求生。他们在路上经过一座山，据说这座山里有许多恶鬼，还有吃人的罗刹。夜里山中风大天冷，大家燃起火，在火旁边睡了。半夜里，有一个人实在感觉寒冷，就起来穿上演戏用的罗刹服，对着火坐着。同伴中一个人从睡梦中醒来，突然看见火旁边坐着一个罗刹，顾不上仔细看清楚，爬起来就跑。这一下惊动了所有的伙伴，大家一起亡命奔逃起来。那位穿着罗刹服的人一惊，也跟着大家狂奔，前面逃跑的人以为罗刹要来害人，更加恐惧惊慌。大伙儿不顾一切拼命逃生，有的跳进河里沟里，有的摔伤胳膊、跌伤腿，疲惫至极。到了天亮，大伙儿才看清楚后面追的原来是同伴。有时候，扰乱我们心神的，往往并不是现实中的东西，而是藏于心中的"罗刹"——名心。

只身困在名利场，跳入容易抽身难。正如太史公司马迁所说："君子疾没世而名不称焉，名利本为浮世重，古今能有几人抛？"

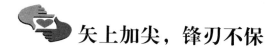 矢上加尖，锋刃不保

一个人如果已经握有一把锋锐的利器，却仍然不满于现状，反要在锋刃上再加一重锐利，俗谚所谓"矢上加尖"，那么连原有的锋刃恐怕都不能保全了。

对于聪明才智、财富权势等，都要知时知量，自保自持。如果已有聪慧而不知谦虚涵容，已有权势而不知隐遁退让，已有财富而不知适可而止，最后将自取灭亡。

古语道："创业难，守业更难。"千万不要犯"矢上加尖，锋刃不保"的错误。财富到了金玉满堂的程度，要透彻了解陶朱公三聚三散的哲学艺术。

陶朱公即范蠡，春秋时越国被吴国灭亡时，他提出了降吴复国的计策，并随同越王勾践一同到吴国为奴，千方百计谋取勾践回国，成为辅助勾践灭吴复国的第一谋臣，官拜上将军。当勾践复国之后，范蠡深知勾践可以共患难但不能同享乐，于是急流勇退。隐姓归野后的19年间3次赚了千金之多，三聚三散，置千金之产5次，这才是真正的"保锋"的智慧。

"一家富贵千家怨，半世功名百世愆。"一个人在既有的富贵之中，如果不懂得自保自持，持富而骄，便会自招恶果，后患无穷。要想长保"金玉满堂"的富贵光景，必须深知"揣而锐之"的不得当，以及"富贵而骄，自遣其咎"的可畏。

对待财富如此，对待功名亦如此。

汉高祖时，吕后采用萧何之计，诛杀了韩信。人曰："成也萧何，败也萧何。"高祖正带兵征剿叛军，闻讯后派使者还朝，封他为萧相国，加赐五千户，再令五百士卒、一名都卫做护卫。百官都向萧何祝贺，唯陈平表示担心，暗地里对萧何说："大祸由现在开始了。皇上在

外作战，您掌管国政。您没有冒着箭雨滚石的危险，皇上却增加您的俸薪和护卫，这并非表示宠信。如今淮阴侯韩信谋反被诛，皇上心有余悸，他也有怀疑您的心理。我劝您辞封赏，拿所有家产去辅助作战，这才能打消皇上的疑虑。"萧何依计而行，变卖家产犒军。高祖果然喜悦，疑虑顿减。

这年秋天，英布谋反，高祖御驾亲征，其间派遣使者数次问候萧何。回报说："因为皇上在军中，相国正鼓励百姓拿出家财辅助军队征战，正如上次所做。"这时有个门客对萧何说："您不久就会被灭族了，您身居高位，功劳第一，便不可再得到皇上的恩宠。可是自您进入关中，一直得到百姓拥护，如今已有十多年了。皇上数次派人问及您的原因，是害怕您受到关中百姓的拥戴。现在您为何不多买田地，少抚恤百姓，来自损名声呢？皇上必定会因此解除疑心的。"萧何认为有理，又依此计行事。高祖得胜回朝，有百姓拦路控诉相国。高祖不但没有生气，反而高兴异常，也没对萧何进行任何处分。

矢上加尖，犹如高处不胜寒，一着不慎，全盘皆输。

善用物而不被物所用

　　人世间有一则不变的名言，即"天下熙熙，皆为利来；天下攘攘，皆为利往"。"有之以为利，无之以为用"是世人因应运用的原则，但就此也告诫世人，善于用物可以，但绝不可被物所用，以免在与现实外物的博弈中输得一塌糊涂。从古至今，又有几人能够脱离利益、外物的束缚，用现实而不为现实所用呢？

　　声、色、货、利以及口腹之欲，常常让人们任性自欺而上当受骗，许多人都心甘情愿地跳入陷阱而不自知。

　　一条小鱼问阅历丰富的大鱼道："妈妈，我的朋友告诉我，钓钩上的东西是最美的，可就是有一点儿危险，要怎样才能尝到这种美味而又保证安全呢？""亲爱的孩子，"大鱼说，"这两者是不能并存的，最安全的办法就是绝对不去吃它。""可它们说，那是最便宜的，因为它不需要任何代价。"小鱼一脸艳羡。"这可就完全错了，"大鱼说，"最便宜的很可能恰好是最贵的，因为它希图别人付出的代价是整个生命。你知道吗，它里面裹着一只钓钩！""要判断里面有没有钓钩，必须掌握什么原则呢？"小鱼又问。"那原则其实你都已经说了，"大鱼说，"一种东西，味道最鲜美，价格又最便宜，似乎不用付出任何代价，那么，钓钩很可能就藏在里面。"

　　大鱼的判断原则对于人来说，同样适用。人们有时像一只无意中掉入米缸的老鼠，满目都是白花花的大米，欣喜着不必辛劳出去觅食，却不见缸究竟有多深。吃着存米，做着美梦，眼看着米一天天减少，自己离缸口也越来越远，却总舍不得抽身离去。直到有一天，缸中米已见底，才发现自己想跳也跳不出去了。

　　非洲有一种非常灵巧的小鸟，叫花鸟。一天，一只花鸟正在树林里自由地飞，忽然，一只巨鹰朝花鸟飞了过来。花鸟急忙飞落到树的枝头上，张开双翼，远远望去，就像五个美丽的花瓣。而花鸟的小脑袋呢，则像鲜艳迷人的花蕊。恰巧，喜欢采吸花蜜的两只蝴蝶飞过这里，小蝴蝶一瞧见花鸟便说："妈妈，快看，那是一朵多么美丽的花儿啊。"蝴蝶妈妈盯着花鸟仔细地看了看，慌忙拦住要飞过去的小蝴蝶说："孩子，别过去，那是花鸟。在鹰的眼里，也许花鸟只是一朵美丽的花，可对于我们这些小昆虫来说，花鸟却是一个可怕的陷阱。"

声色货利，自古以来，便被奸人运用得得心应手。

盛唐以后，宦官专权日趋严重，继高力士后，宦官李辅国独揽朝政，甚至对代宗说："大家（指皇帝）但内里坐，外事皆听老奴处置。"几十年后，唐朝廷又出了一个擅权干政的大宦官仇士良。仇士良擅权揽政二十余年，一贯欺上瞒下、排斥异己、横行不法、贪婪残暴，先后杀二王、一妃、四宰相。史书评价他是"有术自将，恩礼不变"，有长期把持朝政大权的秘诀。那么他的最大奸术又是什么呢？

在感到日暮途穷、有可能遭到武宗清算时，仇士良这个老奸巨猾的阉党首领自动请求告老还乡，希望以退自保，临行前，他对送行的喽啰、宫内爪牙们说："要把皇帝控制在手里，千万不可让他有空闲工夫，他一有空闲，势必就要读书，接见文臣，听取他们的谏劝，智深虑远，不追求吃喝玩乐。这样，我们就不能得到宠信，权势也会受到影响。为了你们今后的前程打算，不如广置财货鹰马，用以迷惑皇帝，使他极尽奢侈，没有一点空闲时间。这样，皇帝就必然不留心学问，荒怠朝政，天下事全听凭我们，宠信、权力还能跑到哪里去？"这一席话说得众宦官茅塞顿开，如获至宝，一个个俯首拜谢。

以声色犬马困住你，让你无暇顾及其他，只知道，此间乐，不思蜀，自己却慢慢沦为别人的傀儡。

《红楼梦》"魇魔法叔嫂逢五鬼"一回中写道熙凤与宝玉遭逢魔魇，归根结底也在于被声色货利所迷。冷眼看，世间有几人能逃出声色货利的罗网？只不过有的人看透得早些，有的人至死不明。

幸能正生，以正众生

"幸能正生，以正众生。"一个人只有自正才能"正众生"，"先存诸己而后存诸人"，即自立立人，自度度他。

一位安葬于西敏寺的英国国教主教的墓志铭上写着："我年少时，意气风发、踌躇满志，当时曾梦想要改变世界，但当我年事渐长、阅历增多时，我发觉自己无力改变世界，于是我缩小了范围，决定先改变我的国家，但这个目标还是太大了。接着我步入了中年，无奈之余，我将试图改变的对象锁定在最亲密的家人身上，但天不从人愿，他们个个还是维持原样。当我垂垂老矣，我终于顿悟了一些事：我应该先改变自己，用以身作则的方式影响家人。若我能先当家人的榜样，也许下一步就能改善我的国家，再后来我甚至可能改造整个世界，谁知道呢？"自己还不会爬，就想去辅助别人站起来，是许多人的通病。

人怎样才可以做一个正人君子呢？必须能止，心境能够定，见解能够定，不受环境影响，一个观念勇往直前。"人之初，性本善，性相近，习相远。"人总难免受到外界环境的影响，有来自家庭的，有来自社会的，但无论环境如何变化，内心的坚定总是最重要的。

法王路易十六被赶下王位，关在牢中，其年轻的王子则被赶国王下台的那帮人带走。他们想，王子是王位的继承人，若能在道德上把他摧垮，那他就永远也无法实现生活赋予他的伟大使命。他们把王子带到遥远的社区，让男孩接触各种卑鄙邪恶的事物；提供让他沦为饕餮之徒的各种美味；让他成天耳濡目染各类粗鄙之言；让淫荡猥亵的女人环绕在其身边，处处是不讲信誉、卑微无耻的小人。就这样，一天24小时让小王子处于这种环境之中，让其灵魂受到诱惑而堕落，接连6个月都如此，但是，男孩没有一刻屈从于压力与环境。在这种种诱惑之后，敌人最后问他，这些事物能提供欢愉，能满足欲望，它们就在身边，唾手可得，为什么他能抵抗这些诱惑，没有沉沦于邪恶的地狱？男孩答道："我无法这么做，因为我生来就是做国王的。"

小王子的坚定自若让人想起宋朝哲学家周敦颐的一段话："予独爱莲之出淤泥而不染，濯清涟而不妖，中通外直，不蔓不枝，香远益清，亭亭净植，可远观而不可亵玩焉。"只要止定于自己所追求的人生，正己而立，便是一株傲然独立的盛世之莲。

一位年迈的北美切罗基人教导年幼的孙子们人生真谛。他说："在我内心深处，一直在进行着一场鏖战，交战是在两只狼之间展开的。一只狼是恶的——它代表恐惧、生气、悲伤、悔恨、贪婪、傲慢、自怜、怨恨、自卑、谎言、妄自尊大、高傲、自私和不忠；另外一只狼是善的——它代表喜悦、和平、爱、希望、承担责任、宁静、谦逊、仁慈、宽容、友谊、同情、慷慨、真理和忠贞。同样，交战也发生在你们的内心深处，在所有人内心深处。"听完他的话，孩子们静默不语，若有所思。过了片刻，其中一个孩子问："那么，哪一只狼能获胜呢？"饱经世事的老者回答道："你喂给它食物的那只。"

质本洁来还洁去，强于污淖陷渠沟。只要内心笃定，有一个光明正大的信念，即便处于黑暗之中，也能照亮自我。

患得患失，得不偿失

"不尚贤，使民不争"是消极的避免好名的争斗，"不贵难得之货，使民不为盗"是消极的避免争利的后果。权与势，是人性中占有欲与支配欲的扩展，很少有人能够跳出权势得失的圈子。正如明朝无名氏在其所著《渔樵闲话》中写道："为利图名如燕雀营巢，争长争短如虎狼竞食。"人常常被得失所左右，一时的成败得失、争短论长，常常让人陷入欲望的陷阱。

佛经中说，凡是对一切人世间或物质世界的事物，沾染执着，产生贪爱而留恋不舍的心理作用，都是欲。情欲、爱欲、物欲、色欲，以及贪名、贪利，凡有贪图的都算是欲。只不过，欲也有善恶之分，善的欲行可与信愿并称，恶的欲行就与堕落衔接。

得失的欲望对于每一个人，都是情感宣泄和精神的需求，是消解生活与乐趣的方式。得可以是荣耀，失可以是尺度。智者看淡得失，耿耿于怀者则斤斤计较。

有一则成语故事"楚王遗弓"，讲的便是对待得失的态度。春秋时，楚王行猎，失落了一张名贵的弓，众人四下披草寻觅，却一无所获。侍卫长忧惧万分，匍行回报，自愿领罚，想不到楚王仰天而笑，挥手说："楚王遗弓，楚人得之，皆吾胞吾民，不必找了!"这事很快传扬开来，市井酒肆之间，闻者无不动容，都称颂圣上心量宽宏，是恺悌君子。有人去问孔子，孔子点点头，淡然一笑，只说："天下人人可得，何必曰楚?"孔子在慨叹楚王的心还是不够大，人掉了弓，自然有人捡得，又何必计较是不是楚国人呢?

"人遗弓，人得之"应该是对得失最豁达的看法了。生生死死，死死生生，世间的一切总是继往开来、生息不断的，得与失，到头来根本就是一无所得，也一无所失!

有首小诗中说："不要说你得到的太少太少，不要说你失去的太多太多，多的还会化成少，少的还会化成多……"然而，许多人却看不透得失的本质。

患得患失的人，一生总是很苦恼，对取舍疑虑不决，本来拥有一些自己并不需要而多余的东西，却又费尽脑汁想使这些东西不减反增。其实，得与失只有一线之隔，意以为得，就是得意；意以为失，就是失意。颜回居陋巷，一箪食，一瓢饮，也能得意在其中；秦王统一六国，兼并天下，也能失意于其间。说到底，总是内心蠢蠢的欲望在作祟。

依据老子的本意，要使得人们真正做到不受私欲主宰，必须"虚其心，实其腹，弱其志，强其骨，常使民无知无欲"。如此这般，在现实社会谈何容易？难就难在无欲与虚心。正因为不能无欲，因此老子才教给人们一个消极的办法，只好尽量避免，"不见可欲，使民心不乱"。

有首禅诗说："尘沙聚会偶然成，蝶乱蜂忙无限情；同是劫灰过往客，枉从得失计输赢。"世界本是一颗颗沙子堆拢来，偶然砌为成功的世界，人生亦是如此，偶然中有必然，必然中有偶然。蝶乱蜂忙，人们就像蜜蜂蝴蝶一样，到处飞舞，痴迷忙碌，正所谓："不论平地与山尖，无限风光尽被占；采得百花成蜜后，为谁辛苦为谁甜。"

人生一世，劳苦一生，为儿女，为家庭，为事业，最后直到生命之火燃尽，仍找不到生命的答案。明知道到头来终是一场空，也跳不出世俗的羁绊。人在旅途，同为劫灰过往客，又何必在一时的输赢得失中斤斤计较？

莫以成败论英雄，毋从得失计输赢。

第七章

丹青不知老，富贵如浮云

丹青不知老，富贵如浮云

"子曰：饭疏食饮水，曲肱而枕之，乐亦在其中矣。不义而富且贵，于我如浮云。"每天粗茶淡饭，累了便枕着弯曲的手臂小憩一会儿，生活的乐趣自在其中；用不义的手段获得的富贵名利，对于我来说，不过如天边的浮云，任它飘远无所憾。

这段话是《论语》中最具文采、最优美的一段话之一，形象地描绘出孔子的价值观与人生观。孔子说，只要有粗菜淡饭可以充饥，喝喝白开水，弯起膀子来当枕头，靠在上面酣睡一觉，便感到人生的快乐无穷。

人生自有自的乐趣，并不需要一味依靠物质，不需要虚伪的荣耀，不合理地、非法地、不择手段地做到了富贵是非常可耻的事。孔子说，这种富贵，对他来说等于浮云一样，聚散不定，看通了这点，自然不会受物质环境、虚荣的惑乱，可以建立自己的精神人格了。

美国曾在 1980 年通过了《新难民法案》，使得居住在纽约水牛城收容所的 500 名难民成为美国的合法公民。这些人大多是来自贫困国家的偷渡者，希望来美国实现自己的幸福梦。

新法案颁布 25 周年时，这些该法案的受益者们搞了一次集会，他们承认自从成了美国公民，生活有了空前改善，但是，幸福的梦想远远没有实现。

一位社会学教授闻知此事，便展开了调查。首先他对那批难民的身份进行了一次全面的核实，发现这 500 人有一些共同点，即贫穷艰苦的经历和对金钱强烈的渴望。这批偷渡者由于都有着强烈的发财梦，来美后，经过 20 余年拼搏，有将近一半的人，靠冒险和吃苦的精神达到了美国中产阶级的水平。

那么，为什么他们没有找到梦寐以求的幸福呢？

为了找出根源，教授对他们一一进行调查。下面是他对其中的3位所作的调查记录：某水产商，初来美国时，在迈阿密的水产一条街做黄鱼生意，现已由原来的一间店铺，发展为连锁店。20年来，为挤垮竞争对手，未休息过一天，更未出外度过一天假。某房产开发商，1995年之前，在12个市镇拥有房产开发权，因逃税被判1年6个月监禁，剥夺开发权，罚款7300万美元，现从事涂料进出口业务。某中介商，来美国后，一直从事海地、多米尼加、波多黎各等国的劳务输出工作，通过他，本家族60%的人在美打工或暂住，现和他一起居住的亲属有十几人。

教授的调查报告历数了每个人的生活状态，这份报告被交到美国国务院之后，迅速被移交到移民部。没过多久，原纽约水牛城收容所的500名难民每人收到一个小册子，小册子的封面上写着：一个穷人成为富人之后，如果不及时修正贫穷时所养成的贪婪，就别指望能跨入幸福的境界。

2005年的某天，美国《加勒比海报》报道，有一位来自加勒比海地区的富翁卖掉公司，打算去过简朴的生活。第二天，教授收到美国移民局的一封信：这批难民中已有一人找到了富裕后的幸福。

人们经常在"富贵"的诱惑中迷失自我，忘记应坚守的"义"，忘记应持守的"品"，忘记自己独立的精神人格，一步步滑向"不义"的深渊。

正如杜甫诗中所写："丹青不知老将尽，富贵于我如浮云。"曹霸爱绘画竟不知老年将至，看待富贵荣华有如浮云一样淡薄。幸福与富贵无关，不生病，不缺钱，做自己爱做的事，就是生活的幸福。

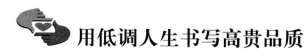

用低调人生书写高贵品质

有很多人热衷于收藏，或是古董古玩，或是邮票年华，将之藏于家中，视若珍宝。孔子便曾将其弟子子贡形容为一种被世人珍藏的物品。

"子贡问曰：赐也如何？子曰：女器也。曰：何器也？曰：瑚琏也。""瑚琏"是古代的玉器，是古代用来供于庙堂之上的，是"高""贵""清"的象征。古代要在国家有大典的时候，才请出瑚琏来亮一下相。平常的时候，只是锁在柜子里藏起来，保护起来。

人如果拿了一张新钞票，喜欢它，总想多保留些时候；旧的钞票，先拿来用掉，所以钞票越破旧越容易流通。同样道理，好的东西深藏不露，保存起来。子贡就是这样一个被存起来、保护起来的人物。

日本也有一个"瑚琏"似的人物——西乡隆盛，其为人处世所表现出的人生哲学便是深藏不露，关键时刻却能让人感受到他的高深莫测。

西乡隆盛是日本著名的历史人物，他一向不修边幅，对朴素无华的生活，甘之如饴，即使在明治维新后，官居高位，也丝毫未变。居简房，着布衣，任何场合都泰然自若。

西乡平素不喜与人争论，时常沉默寡言，彻底信守"不言不教"。因主张征韩论失败而与西乡同时下台的土藩人士后藤象二郎曾经指出："和西乡议论时，由于对方在议论中始终默默不言，所以常以为自己获胜，但回家后再仔细一想，才发现原来自己才是输家。"深藏不露有时显得过于极端，却是个人修为的极高境界。明治维新的某杰出人物曾经根据与西乡第一次见面的印象，评价西乡说："西乡深藏不露，高不可测。轻轻敲他，则轻轻地响，用力敲他，则响得也大。"

有时做人做事保持低调，做深藏不露的"瑚琏"反而更能体现人生的价值，仿佛子贡，仿佛西乡。宋朝的柴陵郁禅师曾写过一首小诗："我有明珠一颗，久被尘劳关锁。今朝尘尽光生，照破山河万朵。"

宋朝著名贤相王旦则是"瑚琏之器"的另一代表人物，王旦任宰相11年，为政清廉，处世谨慎，善断大事，为人宽厚，以德服人，顾全大局，备受赞誉，其德操修养与人格魅力仍令今人叹服；其为政之道及廉洁自律、忠心为国、公而无私的品质仍值得我们学习和借鉴。

"王文正公旦，局量宽厚，未尝见其怒。"家人欲试其量，以少量墨投其羹中，只是不食而已，家人问为何不食羹，说："我偶不喜肉。"一日又把墨水投入其饭中，王旦看了看说："我今日不喜饭，可具粥。"

寇准为枢密使时，王旦为宰相，中书省有事需要与枢密院沟通，所拟的文书违犯了诏令格式，寇准立即把这事报告了皇帝。真宗大为恼火，对王旦说："中书行事如此，施之四方，奚所取则！"王旦赶紧拜谢说："此实臣等过也！"中书省的其他官吏也因此受到处罚。不过一个月，枢密院有事需要传达给中书省，其文书也不符合诏令规格，中书省的官员发现后，以为有了报复的机会，就非常得意地将文书呈送给王旦，王旦看后却下令退还给枢密院。枢密院的官员把这件事告诉寇准后，寇准非常惭愧。后来寇准对王旦说："同年，甚得许大度量？"每当王旦拜见皇帝时，都要称赞寇准的才华，而寇准却经常在皇帝面前议论王旦的短处。一次，真宗对王旦说："卿虽谈其美，彼专道卿恶。"王旦答道："臣在相位久，阙失必多，准对陛下无所隐，益见其忠直，此臣所以重准也！"由此，真宗更认为王旦贤明宽厚。

寇准得知将被罢去枢密使职务后，便托人到王旦家私下请求出任使相，王旦听后非常吃惊地说："将相之任岂可求邪。吾不受私请。"寇准大失所望。不久后真宗问王旦："准当何官？"王旦说："寇准未三十岁，已登枢府，太宗甚器之。准有才望，与之使相，令当方面，其风采足以为朝廷之光。"遂任命寇准为武胜军节度使，同中书门下平章事。寇准接到诏令后前去拜见皇帝，哭诉道："苟非陛下主张，臣安得有此命!"真宗告诉他是王旦推荐的,寇准既羞愧又感叹,逢人便说:"王同年器识,非准可测也。"

为人低调而品格高贵,无论是瑚琏之器,还是尘世藏珠,都无法与其高雅的品性相媲美,做人若能达到这种境界,自能让周围人信服。

莫把真心空计较，唯有大德享百福

如果水不深厚、不充满，就没有办法承受大船，除非像大海一样的深厚、广阔，才能承载起几千吨、几万吨的大船。

在厅堂里挖个小坑，然后舀一杯水倒在里面，把微小的芥子置入水中，芥子就仿佛小舟一样在水面行驶；如果把杯子放在水面，则一下就沉下去了，浮不起来。为什么？因为水太浅，杯子当船太大了。在这里，庄子明白地告诉我们，每个人的气度、知识范围、胸襟大小都不同。如果要想立大功成大业，就要培养自己的气度、学问、能力。要够得上修道的材料，就要像大海一样波澜壮阔。佛经上形容"如来如大海"，也是这个道理。

浅水中只能漂浮草籽，大海中才能航行巨轮，人生也是如此。

南唐后主李煜善工诗词，被俘后，曾与赵匡胤同席饮酒。赵匡胤说："都说你诗写得好，念上两句与朕听听。"李煜稍作沉吟，随即吟出两句《咏扇》诗："揖让月在手，动摇风满怀。"对仗既工整，意境也很好。不料赵匡胤听后却大笑，道："满怀之风也值一提？"李煜面容惨淡。赵匡胤虽是靠棍棒起家的赳赳武夫，却是有资格嘲笑李煜的。想当初他尚未发达，一日路过华山，喝得大醉，竟在田里结结实实地睡了一觉。醒来之际，恰好一轮明月冉冉而出。赵匡胤口出一首，道是："未离海底千山黑，才到天中万国明。"后来将这诗念与人听，众人无不叫好。那气度，"满怀之风"又如何比得？

曹操 53 岁时诗云："老骥伏枥，志在千里；烈士暮年，壮心不已；盈缩之期，不但在天；养怡之福，可得永年。"古往今来，建丰功伟业者，无不具有超凡的气度与能力，胸怀宽广，厚德载物。

从另一个方面来看，何为浅水，何为大海，其实不像黑白对错那样简单易判，如来如大海，究竟怎样才算是广阔的胸襟与人生？

　　有一天，上帝造了三个人。他问第一个人："到了人世间，你准备怎样度过自己的一生?"第一个人回答说："我要充分利用生命去创造。"上帝又问第二个人："到了人世间，你准备怎样度过自己的一生?"第二个人回答说："我要充分利用生命去享受。"上帝又问第三个人："到了人世间，你准备怎样度过自己的一生?"第三个人回答说："我既要创造人生，又要享受人生。"上帝给第一个人打了50分，给第二个人打了50分，给第三个人打了100分。他认为第三个人才是最完整的人。

　　第一个人来到人世间，表现出了不平常的奉献感和拯救感。他为许许多多的人做出了许许多多的贡献，对自己帮助过的人，他从无所求。他为真理而奋斗，屡遭误解也毫无怨言。慢慢地，他成了德高望重的人，他的善行被广为传颂，被人们默默敬仰。他离开人间，人们从四面八方赶来为他送行。直至若干年后，他还一直被人们深深地怀念着。第二个人来到人世间，表现出了不平常的占有欲和破坏欲。为了达到目的他不择手段，甚至无恶不作。慢慢地，他拥有了无数的财富，生活奢华，一掷千金，妻妾成群。他因作恶太多而得到了应有的惩罚。正义之剑把他驱出人间的时候，他得到的是鄙视和唾骂，被人们深深地痛恨着。第三个人来到人世间，没有任何不平常的表现。他建立了自己的家庭，过着忙碌而充实的生活。若干年后，没有人记得他的存在。人类为第一个人打了100分，为第二个人打了0分，为第三个人打了50分。

　　像大海一样做人，才能真正了解生命之道，如果只想托起一粒微小的草籽，那么只需一捧水就够了。人活一世，草木一秋，懂得何为深广，才能波澜壮阔。人生不是平坦大道，处世不能全凭自我。"径行窄处，留一步与人行;滋味浓时，减三分让人尝。"要知道，莫把真心空计较，唯有大德享百福。

洗尽铅华呈素姿

"子夏问曰：'巧笑倩兮，美目盼兮，素以为绚兮。'何谓也？子曰：'绘事后素。'子夏问孔子，《诗经》中这三句话到底说些什么，当然子夏并不是不懂，他的意思是这三句话形容得过分了，所以问孔子这是什么意思。孔子告诉他"绘事后素"，绘画完成以后才显出素色的可贵。

"子谓卫公子荆，善居室。始有，曰：'苟合矣。'少有，曰：'苟完矣。'富有，曰：'苟美矣。'"

孔子在卫国看到一个世家公子荆，此人对于生活的态度，以及思想观念和修养，孔子都十分推崇。以修缮房屋这件事为例，刚刚开始可住时，他便说，将就可以住了，不必要求过高吧！后来又扩修一点，他就说，已经相当完备了，比以前好多了，不必再奢求了！后来又继续扩修，他又说，够了！够了！太好了。

以现在人生哲学的观念来说，就是一个人由绚烂归于平淡。就艺术的观点来说，好比一幅画，整个画面填得满满的，多半没有艺术的价值；又如布置一间房子，一定要留适当的空间，也就是这个道理。一个人不要迷于绚烂，不要过分了，平平淡淡才是真。

人生来时双手空空，却要让其双拳紧握；而等到人死去时，却要让其双手摊开，偏不让其带走财富和名声……明白了这个道理，人就会对许多东西看淡。幸福的生活完全取决于自己内心的简约，而不在于你拥有多少外在的财富。

18 世纪，法国有个哲学家叫戴维斯。有一天，朋友送他一件质地精良、做工考究、图案高雅的酒红色睡袍，戴维斯非常喜欢。可他穿着华贵的睡袍在家里踱来踱去，越踱越觉得家具不是破旧不堪，就是风格不对，地毯的针脚也粗得吓人。慢慢地，旧物件挨个儿更新，书房终于跟上了睡袍的档次。戴维斯坐在帝王气十足的书房和睡袍里，可他却觉得很不舒服，因为"自己居然被一件睡袍胁迫了"。戴维斯被一件睡袍胁迫了，生活中的大多数人则是被过多的物质和外在的成功胁迫着。

很多情况下，我们受内心深处支配欲和征服欲的驱使，自尊和虚荣不断膨胀，着了魔一般去同别人攀比。一番折腾下来，尽管钱赚了不少，也终于博得了"别人"羡慕的眼光，但除了在公众场合拥有一两点流光溢彩的光鲜和热闹以外，我们过得其实并没有别人想象得那么好。

一个人活在别人的标准和眼光之中是一种痛苦，更是一种悲哀。人生短暂，真正属于自己的快乐本就不多，如果自己不能完完全全、真真实实地生活，而总生活在别人的参照系中就更难享受到人生的乐趣。

当我们把追求外在的成功或者"过得比别人好"作为人生的终极目标的时候，就会陷入物质欲望为我们设下的圈套。它像童话里的红舞鞋，漂亮、妖艳而充满诱惑，一旦穿上，便再也脱不下来。我们疯狂地转动舞步，一刻也停不下来，尽管内心充满疲惫和厌倦，脸上还得挂出幸福的微笑。当我们在众人的喝彩声中终于以一个优美的姿势为人生画上句号时，才发觉这一路的风光和掌声，带来的竟然只是说不出的空虚和疲惫。

因此，"简单不一定最美，但最美的一定简单"。由此可见，最美的生活也应当是简单的生活。因为大多数的生活，以及许多所谓的舒适生活，不仅不是必不可少的，而且是人类进步的障碍和历史的悲哀。

人的一生短暂到让我们来不及感慨，仿佛一刹那就走到了生命的尽头。惊鸿一瞥、昙花一现，正如伟大的印度诗人泰戈尔的诗句一样：生如夏花般绚烂，死如秋叶般静美。人的一生看似几十个春秋，其实不过是一声叹息之间就让我们的生命画上一个休止符。

人生就是这样一个从绚烂归于平淡的过程。年少的时候喜欢出名——不是张爱玲也说过出名要趁早吗？少年都钟爱艳丽与繁华，喜欢一切新鲜刺激的事物，因为没有什么色彩能代表他们的意志和主张。

但是随着年岁的增长、阅历的丰富，我们渐渐地喜欢浓郁而敦厚的色彩，因为那就像我们温和持重的性格一样。老了，才明白一切都不过是空，甚至自己的生命也会时常感觉到脆弱。这时少了年轻人的血气方刚，褪去了中年人的惆怅和幽怨，留下的是一颗通透的心灵。

一个老人到了岁月的尽头也会像少年一样，是一张什么也没有的白纸，所以世人常说老小孩。但是我们需要明白的是，此时的"白纸"绝不是少年时的空白，而是过尽千帆后的恬淡与豁达。这些就是我们许多人一生的时光掠影。

宠辱不惊，去留无意

人须能用物而不为物用，不为物累，但能利物，才能成为无为的大用。人生在世，或得意，或失意，其宠辱境界的根本症结所在，皆是因为有身而来。

宠，是得意的总表相；辱，是失意的总代号。当一个人在成名、成功的时候，若非平素具有淡泊名利的真修养，一旦得意，便会欣喜若狂、喜极而泣，自然会有震惊心态，甚至得意忘形。

古今中外，无论是官场、商场，抑或情场，都仿佛人生的剧场，将得意与失意、荣宠与羞辱看得一清二楚。三国诸葛亮的一句名言时时鞭策我们要不因荣辱而保持道义："势利之交，难以经远。士之相知，温不增华，寒不改弃，贯四时而不衰，历坦险而益固。"所谓得意、失意皆不忘形，宠辱而不惊，便是此意。

"宠辱不惊"这四个字来源于唐代的一个真实的故事。一人名唤卢承庆，字子余，为考功员外郎，专司官吏考绩，因其秉事公正，行事尽责，广受赞誉。一次，有个官员发生了粮船翻沉的事故，应受到惩罚，于是他给这个官员评定了个"中下"的评语，并通知了本人。那位受到惩处的官员听说后，没有提出意见，也没有任何疑惧的表情。卢员外郎继而一想："粮船翻沉，不是他个人的责任，也不是他个人能力可以挽救的，评为'中下'可能不合适。"于是就改为"中中"等级，并且通知了本人。那位官员依然没有发表意见，既不说一句虚伪的感激的话，也没有什么激动的神色。卢员外郎见他这般，非常称赞，脱口称道："好，宠辱不惊，难得难得！"于是又把他的考绩改为"中上"等级。也许就是因为如此，"宠辱不惊"这个成语故事便流传到了今天。

有一个富有哲理的故事，也是一段妙趣横生的奇闻逸事，用风趣的口吻将宠辱不惊的修为之难娓娓道来。

宋朝苏东坡居士在江北瓜州地方任职，和江南金山寺只一江之隔，他和金山寺的住持佛印禅师经常谈禅论道。一日，苏轼自觉修持有得，撰诗一首，派遣书童过江，送给佛印禅师印证，诗云："稽首天中天，毫光照大千；八风吹不动，端坐紫金莲。"八风是指人生所遇到的"嗔、讥、毁、誉、利、衰、苦、乐"八种境界，因其能侵扰人心情绪，故称之为风。

佛印禅师从书童手中接过之后，拿笔批了两个字，就叫书童带回去。苏东坡以为禅师一定会赞赏自己修行参禅的境界，急忙打开禅师之批示，一看，只见上面写着"放屁"两个字，不禁无名火起，于是乘船过江找禅师理论。船快到金山寺时，佛印禅师早站在江边等待苏东坡，苏东坡一见禅师就气呼呼地说："禅师！我们是至交道友，我的诗、我的修行，你不赞赏也就罢了，怎可骂人呢？"禅师若无其事地说："骂你什么呀？"苏东坡把诗上批的"放屁"两字拿给禅师看。禅师呵呵大笑说："言说八风吹不动，为何一屁打过江？"苏东坡闻言惭愧不已，自认修为不够。

《菜根谭》里说："宠辱不惊，闲看庭前花开花落；去留无意，漫随天外云卷云舒。"为人做官能视宠辱如花开花落般的平常，才能"不惊"；视职位去留如云卷云舒般变幻，才能"无意"。"闲看庭前"大有"躲进小楼成一统，管他冬夏与春秋"之意；"漫随天外"则显示了目光高远，不似小人一般浅见的博大情怀，一句"云卷云舒"又隐含了"大丈夫能屈能伸"的崇高境界。对事对物，对功名利禄，失之不忧，得之不喜，正是"淡泊以明志，宁静以致远"。

从来圣贤皆寂寞，是真名士自风流。只有做到了宠辱不惊、去留无意方能心态平和，恬然自得，方能达观进取、笑看风云。

第八章

用出世的心做入世的事

大智若愚，大巧若拙

《庄子·人间世》中提到一株"神木"，木匠说它："以为舟则沉，以为棺椁则速腐，以为器则速毁，以为门户则液樠，以为柱则蠹，是不材之木也。无所可用，故能若是之寿。"

木匠说：这是"散木"，没有用的木头。你看那棵树那么大，又有什么用呢？拿来做船吧，放在水里会沉下去；拿来做棺材吧，埋到地下没多久就腐烂了，做棺材的木头应该是很不容易烂的；拿来做家具呢，它很快就毁坏了；拿来做门窗，一下雨就容易吸收水分，因为吸水分太重容易长湿气，它容易坏；拿来做柱头，要生白蚂蚁。这个木头呀，没有一点用处。因为没有用呀，所以它活的年纪那么大。

人又何尝不是如此呢？看似无用，有时却是大材，老子曾说："良贾深藏若虚，君子盛德容貌若愚。"

真正的大用看似无用，实则抱愚藏拙，能包容一切人的长处，而自己以"无用"的面目示人，比如高祖刘邦、三国的刘备、水浒的宋江，无用之人揽有识之士，天下英雄尽入我囊中，皆是深谙此道。

《老子》中提到一个问题："爱民治国，能无知乎？"这个问题，骤然看来，矛盾且有趣。既然要爱民治国，肩挑天下大任，岂是无知无识的人所能做到的。历史中所记载的黄帝或者尧、舜，都是标榜天纵神武睿智，或生而能言，或知周万物，哪里有一个无知的人能完成爱民治国的重任？然而，老子此处并非明知故问、故弄玄虚，而是另有深意。

"知不知，上。不知知，病。夫唯病病，是以不病。圣人不病，以其病病，是以不病。"这是在说明真是天纵睿智的人，绝不轻用自己的知能来处理天下大事，即天纵睿智必须集思广益、博采众议，然后有所取裁。

"知不知"与老子思想学术中心的"为无为"异曲同工，所谓知者恰如不知者，大智若愚，才能领导多方，完成大业。天纵睿智之人能永世而成不朽的功业，正因为他善于运用众智而成其大智。

平民皇帝汉高祖刘邦，表面看来，满不在乎、大而化之，当他统一天下，登上帝位后，他曾坦白地说："夫运筹帷幄之中，决胜千里之外，吾不如子房；镇国家，抚百姓，给馈饷，不绝粮道，吾不如萧何；连百万之众，战必胜，攻必取，吾不如韩信。三者皆人杰，吾能用之，此吾所以取天下者也。项羽有一范增而不能用，此所以为吾擒也。"

天纵睿智的最高境界便是大智若愚，大智若愚在《词源》里的解释是这样的：才智很高而不露锋芒，从表面上看好像愚笨。出自宋苏轼经进东坡文集事略二七贺欧阳少帅致仕启："大勇若怯，大智若愚。"大巧若拙，大音希声，大象无形，均有此意，表现的是被形容者伟大可以掌控一切的一面。

三国中也有一个"天纵睿智、大智若愚"的杰出代表，即刘备。或许在许多人眼中刘备软弱无能，只知痛哭流涕，成就蜀国千古功业的只是其手下的文臣武将，武有"一夫当关，万夫莫开"的关羽、张飞、赵云、马超等骁将，文有可比"兴周八百年之姜子牙、旺汉四百年之张子房"的伏龙凤雏。然而，刘备成就帝王霸业的关键却在于他能够一一收服这些清高孤傲、桀骜不驯的文武之士，让其对自己甚至自己的儿子都肝脑涂地以求报答知遇之恩。将每个人放在合适的位置上，各用其能，让其各展所长，难道不算大智吗？

当阳长坂坡摔阿斗，对子龙言："竖子几损我一员大将也！"一句话换来赵云的万死不辞。白帝城托孤，对诸葛亮痛哭："君才十倍曹丕，必能安邦定国，终定大事。若嗣子可辅，则辅之；如其不才，君可自为成都之主。"一句话让诸葛孔明战战兢兢、鞠躬尽瘁、死而后已。枭雄刘备有识人之明，临终之时，曾经提醒孔明："马谡言过其实，不可大用，君其察之！"他基于长期的共事，对马谡做出了中肯评价，不可大用并不是不用，又担心诸葛亮因亲近而任人失准，可谓高瞻远瞩，无奈孔明不以为然，后痛失街亭。

刘备深明用人不疑的道理，对手下人推心置腹，对其尽心竭力，看似毫无主见，实则成竹在胸。刘备深明韬光养晦之道，大智若愚，一时骗尽天下英雄。煮酒论英雄，曹操笑言："天下英雄唯使君与操耳！"可谓一语中的。只是曹操过于自负，在刘备种菜浇花、心无大志的假象之下，掉以轻心，使得龙归大海，鹏程万里。

天纵睿智的境界不易达到，古语道："大智者，穷极万物深妙之理，穷尽生灵之性，故其灵台明朗，不蒙蔽其心，做事皆合乎道与义，不自夸其智，不露其才，不批评他人之长短，通达事理，凡事逆来顺受，不骄不馁，看其外表，恰似愚人一样。"

好自夸其才者，必容易得罪于人；好批评他人之长短者，必容易招人之怨，此乃智者所不为也。故智者退藏其智，表面似愚，实则非愚也，孔子也曾说过："大智若愚，其智可及也，其愚不可及也。"

不在其位，就不谋其政吗？

"不在其位，不谋其政"究竟是推卸责任的说辞，还是强调深入了解的告诫？

一种解释说，这句话的意思是，不担任这个职务，就不要去思谋这个职务范围内的事情。听来有些推卸责任的意味；而另一种解释认为，不在那个位置上，便不能准确知道它的职责和内容，对一件事，有一点还不了解且还无法判断时，不要随便下断语，不要随便批评，因为真正了解内情，并不是件容易的事。

德国诗人歌德曾说："真理就像上帝一样。我们看不见它的本来面目，我们必须通过它的许多表现而猜测到它的存在。"真理往往细弱如丝，混杂在一堆假象里，我们的眼睛、我们的心智，甚至是我们道德上的缺失都会阻碍我们去敲响真理的门，对不了解的事，对尚未为人所知的领域做出错误的判断。

有一次，孔子他们被两个小国家围困，长达七天都没有吃到东西。后来较为富裕的子贡拿自己的钱财好不容易换来了很少的一点米，就让颜回给大家拿来煮粥喝。子贡无意间经过煮粥的房间，竟然看见颜回拿着满满一勺粥在喝。子贡很不高兴，就去了老师那里。他问夫子："仁人廉士穷改节乎？"孔子回答："芝兰生于深林，不以无人而不芳；君子修道立德，不为穷困而败节。"子贡又问若是颜回会如何，孔子说颜回绝对不会改变的。子贡这才告诉老师他看到的事。

于是，孔子为了向大家证实，带着众弟子来到粥房。孔子说："颜回啊，我想要先用这得之不易的粥来祭祖，你来操办吧。"颜回摇头道："不行啊，老师。这粥在煮的时候，房顶上有一块泥落了进去，扔了太可惜，所以我已经把污染了的粥吃了，这样还可以省出一个人的饭。但是这样的粥是不能祭祖了啊。"孔子听了，看了一眼子贡，就离开了。

眼睛偶尔也会欺骗我们的心灵，有时事情的表面会与真相背道而驰，如果不经过大脑的洗练就对事情妄下结论，那我们难免会犯错。

对于为政者来说，如果不了解这个职位上的权利与责任，怎么能评判它的是非曲直呢？因此，旁观者可以依据自己的理解提出意见和建议，但不应该在私下里议长论短，致使在职者无法开展工作。一个人担任了某个职位，都必须要在不断的学习中才能胜任，而不担任这个职位的人是无论如何也想象不到的。

如果你想在自己的位置上扮演好自己的角色，首先应该把自己的剧本与戏路揣摩清楚；如果你想对别人的角色有所了解，也要深入了解之后再发表意见，不要仅凭表面的猜测去指手画脚。

以效法天道谋求人道

兵法都是"以巧斗力"，以寡击众，以弱击强，这个就是最高的谋略学，也是最高的兵法。"巧"代表智慧，人们在社会中相处都是以智慧来"斗力"，开始是用智慧谋略光明正大地斗，到后来却走向了"阴谋"。在中国文化中，玩弄聪明的人被认为是阴谋家。人心不古，许多先古圣贤都为后世之人枉担了虚名，老子便是其中之一。

老子的《道德经》，寥寥五千文，包罗万象、绝妙精微，有人将其视作"权术"之源，实乃以偏概全、断章取义。因此有人调侃说老子是替后人背了黑锅，因其本意被后世曲解。

正如鲁迅先生解读《红楼梦》时所说："单是命意，就因读者的眼光而有种种：经学家看见《易》，道学家看见淫，才子看见缠绵，革命家看见排满，流言家看见宫闱秘事……"不同的人从《道德经》读出的是不同的东西，没有人能够穷尽老子的本意，所谓权谋家从中读出的阴谋之术不过是老子道学中层次最为低下的"微明"境界而已。

老子处世讲求用阴柔，不用刚强，凡事顺其自然、顺势而行，不勉强而为。世间所有的事物——宇宙、自然、社会、人生皆由阴阳组成，相互依存，互不分离。阴与阳，是阴柔、阳刚的辩证统一、一体两面，相辅相成。老子看到了发展着的事物之间的矛盾性，也看到了矛盾事物两个方面的相互转化，以否定达到肯定。

古人常以"阴"字来表达"顺道"，后人因此常常误读了老子的阴柔之学，《汉书·艺文志》云：道家者流，盖出于史官，历记成败存亡祸福古今之道，然后知秉要执本，清虚以自守，卑弱以自持，此君人南面之术也。后世许多人以一己之见将老子归入谋略学的主流，认为老子的谋略学是玩弄阴谋之术，实在有失偏颇。对此，可以从一个历史人物身上找到答案。

陈平，汉初阳武人，一生足智多谋，善于摆脱各种困境，常能立于不败之地。陈平与张良共同辅佐刘邦，为其出谋划策，虽然在刘邦最后评论之所以取得天下之时，仅提到张良、萧何和韩信三人，未对陈平有何评论，但陈平的确是历史水面之下的一位深谋周纳的国相。在刘邦大杀功臣，飞鸟尽，良弓藏，朝廷上下人人自危之时；在吕后当政，宫廷矛盾极其尖锐之时，陈平都能安然立于潮头浪尖，躲过险滩暗礁，其立身处世之高明，令人佩服不已。

太史公司马迁评价陈平时说，汉丞相陈平年轻时，酷爱钻研黄老之说，当他在砧板上分割祭肉之时，便感慨："嗟乎，使平得宰天下，亦如是肉矣！"陈平彷徨于楚魏之间，最终归附高帝，胸中多妙计，数次解救纷繁的危难，消除国家的祸患。吕后执政时期，诸事多有变故，但陈平竟能自免于祸，安定汉室，保持荣耀的名望终生，被称为贤相，难道不是善始善终吗？假若没有才智和谋略，谁能做到这一步呢？然而，陈平曾经说过："我经常使用诡秘的计谋，这是道家所禁忌的。我的后代如果被废黜，也就止住了，终归不能再兴起，因为我暗中积下了很多祸因。"果然，此后陈平的曾孙陈掌靠着是卫家亲戚的关系，希望能够接续陈家原来的封号，但终究未能实现。

陈平的话可以为道家老子明证，道家绝不崇尚阴谋。玩弄聪明的人心思越多越糟糕，到最后反而害人误己。正所谓"聪明反被聪明误"。做人也是如此，自作聪明不可取，这是为人处世最忌讳的方面，一不小心就会给自己惹来杀身之祸。

《庄子·人间世》中说："且以巧斗力者，始乎阳，常卒乎阴，泰至则多奇巧。"这段话的意思是指以智巧相互较量的人，开始时平和开朗，后来就常常暗使计谋，达到极点时则大耍阴谋、倍生诡计。无论什么事情恐怕都是这样：开始时相互信任，到头来互相欺诈；开始时单纯细微，临近结束时便变得纷繁巨大。

千百年来，世人对老子道学的理解多半停留在较低的层次，认为老子的思想是消极避让、不思进取的隐士哲学和明哲保身、与世无争的处世哲学，其实这仅仅是流于表面的误读而已。

所谓老庄之"道"，都是出世的修道和入世的行道，相互掺杂，只有利用史实，加以选择，透过事实的表层，才能抓住本质。因此，读老庄如读《孙子兵法》一样，所谓"运用之妙，存乎一心"，应用无方，妙用无穷。与其说老子是一位工于权术的阴谋家，倒不如说他是一位效法天道来谋求人道的思想家。

老子绝不提倡"厚黑学"，从老子思想中读出阴谋权术的人，不过是假借了圣人之口，企图为权术阴谋找一个圣人出处，老子只不过为后人背了权术的黑锅而已。

功成身退天之道

功成身退，天之道也。功业既成，抽身退去，天道使然。花开果生，果结花谢，自然之道。老子对人生的洞察是智者的深邃，一眼便窥透了深层中的人性内核。人莫不爱财慕富，贪恋权势，但凡能够及时抽身引退，总能一生圆满。

"功成身退"并非指一定要隐居山林，归隐田园。功成身退其实是一种对待功名的态度，即使有了大功劳也不居功自傲，飞扬跋扈为谁雄，只会引来无妄之灾。

数千年来，中国历史一直上演着"飞鸟尽，良弓藏；狡兔死，走狗烹"的悲剧，政治的险恶，入世与出世，成为中国仁人志士艰难的抉择，既铿锵刚劲，又痛苦无奈。青史上许多留名之人终其一生都在寻找"功"与"身"的平衡点。"儒"是进取的，是理性的，是社会的，是宗族的，是油然于心的；而"道"呢，则是个人的，是直觉的，是天然的，是无可奈何的。儒和道，看似不相融，其实却息息相通，犹如一面古镜的正反两面。李斯，当初他贵为秦相时，"持而盈"，"揣而锐"，最后却以悲剧告终。临刑之时，李斯对其子说："吾欲与若复牵黄犬，出上蔡东门，逐狡兔，岂可得乎？"他临死才幡然醒悟，渴望重新返璞归真，在平淡生活中找寻幸福，但悔之晚矣。

入世容易，出世难。许多人便是没有"真人"的态度，而陷入富贵名利中，最终落得个"飞鸟尽，良弓藏"的结局。华丽落幕后，在历史的舞台上全身而退的人中，范蠡算是成功的一个，虽然他的"入世"不一定是心怀天下"不得已而为之"，但"出世"的确是适可而止。

范蠡青年时和宛令文种入越后，深得越王重用，先任大夫后为重要谋臣，文种为相，越王兵败投夷，文种守国，范蠡随勾践入吴为质。

两年中，范蠡为勾践备受屈辱，忠心耿耿，出谋划策使勾践化险为夷，获释返回后，与文种同心协力为越国共谋良策，促进越国强盛，范蠡训练兵将，经过二十余年的苦心奋斗，越王"卧薪尝胆"把国家建设得强盛起来，最后灭了吴国，吴王夫差自杀，报了会稽之耻，越国成了中原霸主。范蠡为上将军，范蠡以为大名之下，难以久居，且勾践为人，只能与共患难，难与同安乐，向越王"辞呈"，勾践不允，范蠡即携带重宝乘舟浮海入齐，一去不返。

进一步，容易；退一步，难。大多数人能成功，却不能全身而退；少数人看透功名实质，重视过程，淡看结果，终能功成身退。

有一位高僧，是一座大寺庙的住持，因年事已高，心中思考着找接班人。一日，他将两个得意弟子叫到面前，这两个弟子一个叫慧明，一个叫尘元。高僧对他们说："你们俩谁能凭自己的力量，从寺院后面悬崖的下面攀爬上来，谁就是我的接班人。"

慧明和尘元一同来到悬崖下，那真是一面令人望之生畏的悬崖，崖壁极其险峻陡峭。身体健壮的慧明，信心百倍地开始攀爬。但是不一会儿他就从上面滑了下来。慧明爬起来重新开始，尽管这一次他小心翼翼，但还是从山坡上面滚落到原地。慧明稍事休息后又开始攀爬，尽管摔得鼻青脸肿，他也绝不放弃……让人感到遗憾的是，慧明屡爬屡摔，最后一次他拼尽全身之力，爬到半山腰时，因气力已尽，又无处歇息，重重地摔在一块大石头上，当场昏了过去。高僧不得不让几个僧人用绳索，将他救了回去。

接着轮到尘元了，他一开始也和慧明一样，竭尽全力地向崖顶攀爬，结果也屡爬屡摔。尘元紧握绳索站在一块山石上面，他打算再试一次，但是当他不经意地向下看了一眼以后，突然放下了用来攀上崖顶的绳索。然后他整了整衣衫，拍了拍身上的泥土，扭头向着山下走去。旁观的众僧都十分不解，难道尘元就这么轻易地放弃了？大家对此议论纷纷。只有高僧默然无语地看着尘元的去向。尘元到了山下，沿着一条小溪流顺水而上，穿过树林，越过山谷……最后没费什么力气就到达了崖顶。

当尘元重新站到高僧面前时，众人还以为高僧会痛骂他贪生怕死，胆小怯弱，甚至会将他逐出寺门。谁知高僧却微笑着宣布将尘元定为新一任住持。众僧皆面面相觑，不知所以。

尘元向同修们解释："寺后悬崖乃是人力不能攀登上去的。但是只要于山腰处低头下看，便可见一条上山之路。师父经常对我们说'明者因境而变，智者随情而行'，就是教导我们要知伸缩退变的啊。"

高僧满意地点了点头说："若为名利所诱，心中则只有面前的悬崖绝壁。天不设牢，而人自在心中建牢。在名利牢笼之内，徒劳苦争，轻者苦恼伤心，重者伤身损肢，极重者粉身碎骨。"然后高僧将衣钵锡杖传交给了尘元，并语重心长地对大家说："攀爬悬崖，意在考验你们的心境，能不入名利牢笼，心中无碍，顺天而行者，便是我中意之人。"

看透功名利禄，看破世间百态，该进则进，当退则退，不要偏执一心，不要被世俗蒙蔽了心境。须知，功成、名遂、身退，天之道。

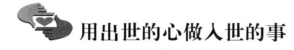 **用出世的心做入世的事**

朱光潜先生曾用一句话评价弘一法师，即"以出世之精神，做入世之事业"，这句话其实是对老庄哲学的深刻理解。

一个修道有悟的人，可以不出差错地做到："俗人昭昭，我独昏昏，俗人察察，我独闷闷，猎兮其若海，飔兮若无止。"外表"和光同尘"，混混沌沌，而内心清明洒脱，遗世独立。不以聪明才智高人一等，以平凡庸陋、毫无出奇的姿态示人，行为虽是入世，但心境是出世的，对于个人利益不斤斤计较。胸襟如海，容纳百川，境界高远，仿佛清风徐吹，回荡于山谷中的天籁之音。

俗人有俗人的生活目的，道人悟道人的生命情调。以道家来讲，人生是没有目的的，亦就是佛家所说"随缘而遇"，以及儒家所说"随遇而安"。但是老子更进一步，随缘而遇还要"顽且鄙"，坚持个性，又不受任何限制。

用出世的心做入世的事，不是每个人都能做到的。

有一个有趣的故事，是这样说的：一个和尚因为耐不住佛家的寂寞就下山还俗了。不到一个月，因为耐不得尘世的口舌，又上山了。不到一个月，又耐不住青灯古佛的孤寂再度离去。如此三番，寺中禅师对他说："你干脆不必信佛，脱去袈裟；也不必认真去做俗人，就在庙宇和尘世之间的凉亭那里设一个去处，卖茶如何？"于是这个还俗的和尚就讨了一个媳妇，支起一个茶亭。

许多人都如同这个心绪矛盾之人，在入世与出世之间徘徊不决，干脆就在二者的中间做个半路之人吧。

怎样才能算是出世之心呢？

身做入世事，心在尘缘外。

唐朝李泌便为世人演绎了一段出世心境入世行的处世佳话，他睿智的处世态度充分显现了一位政治家、宗教家的高超智慧。该仕则仕，该隐则隐，无为之为，无可无不可。

李泌曾写过一阕《长歌行》，将内心对名利功绩的感受描绘得淋漓尽致。"天覆吾，地载吾，天地生吾有意无。不然绝粒升天衢，不然鸣珂游帝都。焉能不贵复不去，空作昂藏一丈夫。一丈夫兮一丈夫，千生气志是良图。请君看取百年事，业就扁舟泛五湖。"

李泌一生中多次因各种原因离开朝廷这个权力中心。玄宗天宝年间，当时隐居南岳嵩山的李泌上书玄宗，议论时政，颇受重视，遭到杨国忠的嫉恨，毁谤李泌以《感遇诗》讽喻朝政，李泌被送往蕲春郡安置，他索性"潜遁名山，以习隐自适"。自从肃宗灵武即位时起，李泌就一直在肃宗身边，为平叛出谋划策，虽未身担要职，却"权逾宰相"，招来了权臣崔圆、李辅国的猜忌。收复京师后，为了躲避随时都可能发生的灾祸，也由于平叛大局已定，李泌便功成身退，进衡山修道。代宗刚一即位，便强行将李泌召至京师，任命他为翰林学士，使其破戒入俗，李泌顺其自然，当时的权相元载将其视作朝中潜在的威胁，寻找名目再次将李泌逐出。后来，元载被诛，李泌又被召回，却再一次受到重臣常衮的排斥，再次离京。建中年间，泾原兵变，身处危难的德宗又把李泌招至身边。

李泌屡蹶屡起、屹立不倒的原因，在于其恰当的处世方法和豁达的心态，其行入世，其心出世，所以社稷有难时，义不容辞，视为理所当然；国难平定后，全身而退，没有丝毫留恋。李泌已达到了顺应外物、无我无己的境界，又如儒家中所说，"用之则行，舍之则藏"，"行"则建功立业，"藏"则修身养性，出世入世都充实而平静。李泌所处的时代，战乱频仍，朝廷内外倾轧混乱，若要明哲保身，必须避免卷入争权夺利的斗争之中。心系社稷，远离权力，无视名利，谦退处世，顺其自然，乃李泌处世要诀。

人生究竟是什么？不过一杯水而已。上天给了每一个人一杯水，于是，你从里面饮入了生活。杯子的华丽与否显示了一个人的贫与富，杯子只是容器，杯子里的水，清澈透明，无色无味，对任何人都一样。不过在饮入生命时，每个人都有权利加盐、加糖，或是其他，只要自己喜欢，这是每个人生活的权利，全由自己决定。在欲望的驱使下，你或许会不停地往杯子里加入各种东西，但必须适可而止，因为杯子的容量有限，并且无论你加入了什么，最终你必须将其喝完，无论它的味道如何。如果杯中物甘爽可口，你最好啜饮，慢慢品味，因为每个人都只有一杯水，喝完了，杯子便空空如也。

看透了人生的本质，便不会被繁华遮蔽了双眼，人生不过一杯水，用出世的心做入世的事，便能充分品味水的甘甜。

第九章

坚持守心守道的中和

坚持守心守道的中和

剑走偏锋，有时能够出奇制胜；人走偏锋，有时却会激进犯错。

"子曰：中庸之为德也，其至矣乎！民鲜久矣！""中庸"即中和的作用，孔子是说两方面有不同的意见，应该使它能够中和，各保留其对的一面，舍弃其不对的一面，才是"中庸之为德也，其至矣乎"！孔子同时感叹说："民鲜久矣。"一般的人，很少能够善于运用中和之道，大家走的多半都是偏锋。

在很多学者看来，中国人生活的最高境界应属中庸的生活。林语堂先生在《谁最会享受人生》中，深刻地剖析了中国人的生活模式，提出要摆脱过于烦恼的生活和太重大的责任，实行一种中庸式的、无忧无虑的生活哲学。林语堂先生说："我相信主张无忧无虑和心地坦白的人生哲学，一定要叫我们摆脱过于烦恼的生活和太重大的责任。一个彻底的道家主义者理应隐居到山中，去竭力模仿樵夫和渔父的生活，无忧无虑，简单朴实如樵夫一般去做青山之王，如渔父一般去做绿水之王。不过要叫我们完全逃避人类社会的那种哲学，终究是拙劣的。此外还有一种比这自然主义更伟大的哲学，就是人性主义的哲学。所以，中国最崇高的理想，就是一个不必逃避人类社会和人生，而本性仍能保持原有快乐的人。"

在与人类生活问题有关的古今哲学中，至今还未发现有一种比中庸学说更深奥的真理。这种学说，就是指一种介于两个极端之间的那一种有条不紊的生活。这种中庸精神，在运动与静止之间找到了一种完全的均衡。所以理想人物，应属一半有名，一半无名；在懒惰中用功，在用功中偷懒；穷不至于穷到付不出房租，富也不至于富到可以称心如意地资助朋友；钢琴也会弹，可是不十分高明，只可弹给知己的朋友听听，而最大的用处还是给自己消遣；古玩也收藏一点，可是只够摆满屋里的柜子；书也读读，可是不能用功；学识颇广博，可是不成为任何专家……总而言之，这种生活当为中国人所发现的最健全的理想生活。

清代学者李密庵有一首《半半歌》就是这种中庸的生活哲学的最佳写照。这首诗气韵贯通，文笔流畅，颂田园，写人伦，叙情趣，论时弊，读来令人耳目一新，更重要的是，它把中国人自古以来那种中庸生活的理想很美妙地表达了出来。

看破浮生过半，半之受用无边，半中岁月尽悠闲，半里乾坤宽展。
半郭半乡村舍，半山半水田园，半耕半读半经廛，半士半民姻眷。
半雅半粗器具，半华半实庭轩。衾裳半素半轻鲜，肴馔半丰半俭。
童仆半能半拙，妻儿半朴半贤。心情半佛半神仙，姓字半藏半显。
一半还之天地，让将一半人间，半思后代与沧田，半想阎罗怎见？
酒饮半酣正好，花开半吐偏妍。帆张半扇免翻颠，马放半缰稳便。
半少却饶滋味，半多反厌纠缠。百年苦乐半相参，会占便宜只半。

中庸是一种自然的生活方式，不是消极避世，也不是畏首畏尾，而是将心态调适到平和之处。天地寂然不动，富贵名利成空，既然已经明了生命的本质，人生又何必剑走偏锋？

逃出"成、住、坏、空"的劫

煤炭有一个寓意深刻的名字——劫灰。劫灰的典故，出在佛经，世界终尽，劫火洞烧，此灰是也。禅解，世界的劫，成就了煤。

历史上煤炭最初的发现是在汉武帝时代。相传，当年汉武帝为教练水军，集天下征夫开凿昆明池，得一异物，状若黑石，其色如漆，扣之有异声，天下竟无有识者。汉武帝问于东方朔，东方朔卖了个关子，随后献策，某年月日将有西域胡僧某某过某地，问之可知。后果有胡僧西来，问之则答曰："此乃前劫之劫灰也。"

佛说物质世界的存在，也和人的生命一样，有它固定的变化法则。在人的一生而到死亡，有四大过程，叫作"生、老、病、死"，谁也逃避不了。但就物质世界的地球和其他星球而言，它的存在寿命，虽然比人的身体寿命长，结果也免不了死亡的毁灭，不过把物质世界由存在到毁灭的四大过程，叫作"成、住、坏、空"。煤炭是上个文明时期火烧后的余烬中含藏的能量，好比人体的皮毛卫发；石油，佛经中称之为劫精，好比人体的血液精华。

古人既然早已知道煤炭、石油等能源，为什么不早早开发来应用，却始终上山打柴，拿草木来做燃料呢？那是因为，汉武帝在听闻了"劫灰""劫精"之说后，禁令采集，历代亦是如此。

帝王的做法同样是受了道家思想的影响，道家认为天地是一大宇宙，人身是一小天地，地球也是一个有生机的大生命，就如人身一样。地球同样富有生机，是一个生命体，不可轻易毁伤它，不然，对人类的生存，有百害而无一利。因此，古人虽然早就知道有"天材地宝"的矿藏，也绝不肯轻易去挖掘。即使挖掘，也要祭告天地神祇，得到允许。人心即天心，人们的传统思想是如此，神祇的权威就起到了震慑之效。正因如此，地大物博的泱泱中华才能有幸将其丰富的矿藏保留至今，作为未来子孙们生存的资财。

春秋时期，一年夏天，鲁宣公兴致勃勃地把渔网撒在潭里准备捕鱼。正在这时，里革刚好从潭边路过，见到后立即把鲁宣公的渔网的绳剪断了，并且把网拉上来扔掉。

鲁宣公不知何意，正要发怒，里革忙解释：古时候，春暖花开之际，万物复苏，鸟兽刚好怀胎，水中的动物却基本成熟，狩猎师就下令禁止用兔网、鸟网捕捉鸟兽，而只用矛等刺取鱼鳖，将它做成鱼干，以备夏天食用，这样做是为了促使鸟兽生长；到了夏天，鸟兽长成，水中动物又开始孕育，渔师在这时又下令禁止使用大小渔网捕鱼，只是在陷阱中装设捕兽的装置，捕取禽兽，这样一来，不论鱼虾鸟兽都能有休养生息的时候了。人们在山上不会砍伐树木所生的新芽；在草地里，也不会随意割取未长成材的草木；捕鱼时，禁止捕捞有卵的鱼和小鱼；狩猎时，要等到那些幼鹿等小兽长大后再猎捕；抓鸟也要先等那些鸟卵孵出，小鸟长成；就是对可食的虫子，也要留下卵和未生翅的幼虫。这样各种植物、动物才能生息繁衍，如果古人为了一时痛快、一时的满足而不计后果，恐怕现在留给我们的就所剩无几了。现在鱼正在产卵，如果不等鱼生长，就用这样的小孔网捕捞，上行下效，如此这般，只会让子孙后代一无所获！

史料证明，人类早可以透支地球资源，但古人却将自然的精华悉心呵护。古人尚知煤炭、石油是地球的骨髓血液而不去触碰它，以求保全生态环境，而现在的人们却在欲望的指使下手握高科技的利器对地球大肆开采，后果可想而知。

塔克拉玛干沙漠南缘，驻扎着一支建设兵团的农垦部队，部队担负着一项艰苦卓绝的特殊使命，即在这千里荒原的沙漠前沿植树，然而，树木的成活率微乎其微。一位老兵是首批随第一野战军进军塔里木的战士，连续三年他都没能完成植树任务。最后，由于旧伤复发和劳累，他倒下了，弥留之际，对连长说："咱开出一块熟地不容易，我死了就把我埋在大漠的最前端，栽上一棵树。我就不信，五尺的汉子还捂不熟一块地，养不活一棵树。"这棵树果真活了，成了塔里木垦区第一树。从此以后，塔里木人也定下了一条规矩：凡是有人死了，就挨着这位老兵埋在沙漠的最前沿，并且要栽上一棵树。

当前世劫灰耗尽，当未来资财所存无几，即便用生命来换取自然的残喘恐怕也不可能了，人们总应为子孙留下些自然的财富吧。

当大自然前世的劫灰被挖掘一空，后世子孙得以生存的资财被挥霍殆尽，杞人忧天便成为生存的当务之急了，不要让人类的眼泪成为地球上的最后一滴水。

得意莫过喜，失意莫过悲

什么是得意忘形？什么是失意忘形？"得意忘形"很容易理解，而"失意忘形"是什么意思呢？比如，有人本来很好，富贵得意时，事情都处理得当，见人彬彬有礼；然而一旦失意，却连人也不愿见，自卑、烦恼接踵而来，完全变了一个人。

一个人做学问，"贫贱不能移"比"富贵不能淫"更难做到，能够受得了寂寞与平淡，才是真正的修养到家，"唯大英雄能本色"，得意不忘形，失意更不忘形。所以子贡讲的"贫而无谄，富而无骄"的确难得，但孔子对其的评价仅为"可也"而已。

失意了不向人低头，不阿谀奉承，认为自己就是那么大，看不起人；或者你觉得某人好，自己差了，这样还是有一种与人比较的心理，对人敌视的心理，所以修养还是不够的。同样的道理，你做到了富而不骄，待人以礼，因为你觉得自己有钱有地位，非得以这种态度待人不可，这也不对，仍旧有优越感。所以要做到真正的平凡，在任何位置上，在任何环境中，就是那么平实、那么平凡，才是对的。所以孔子告诉子贡，像你所说的那样，只是及格而已，还应该进一步，安贫乐道，要平实，仅做到不骄傲并不算好，还要进一步做到好礼，尊重别人和爱人，在学问上随时虚心求进，不断讲究做人做事的道理。

当你得意的时候，一定要淡然，不可忘形，要以平和之心待之，否则，得意的背后往往隐藏着失意。

一个女人听到丈夫破产的消息，异常镇静，她让丈夫卖掉别墅、汽车，搬到一所简易的地下室。她坦然应对着熟人的目光，重新开始与丈夫创业打拼的生活。她在一家公司做保洁员，不小心蹭到一位女职员的皮鞋，遭到鄙夷。而一位知道她的经历的男士感叹地说："任何人都没资格轻视她，一个人经历了无限风光，落到低处仍能如此泰然处之，她比我们这些人都强!"

在生活中，把得意之事看淡点，保持一颗平常心，你就能坦然地面对失意，当厄运突然来临之时，你就有勇气去战胜它。将失意之事看开点，淡然处之，不卑不亢地面对新的人生，一切从头开始，或许有更好的结局。

得意之时，莫过喜；失意之时，莫过悲，这是做人的一种境界。不卑不亢的人，无论何时何地，都能得到别人的尊重。

济人须济急时无

雪中送炭与锦上添花，哪个才是人生中更为重要的呢？

"子华使于齐，冉子为其母请粟。子曰：'与之釜'。请益。曰：'与之庾'。冉子与之粟五秉。子曰：'赤之适齐也，乘肥马，衣轻裘。吾闻之也：君子周急不继富。'"

有一次公西赤被派出去做大使，冉求因其还有母亲在家，就代其母亲请求实物配给，并多给出许多。孔子知道后，虽然并没有责怪冉求，但对学生们说，你们要知道，公西赤这次出使到齐国去，坐的是最好的马，穿的是最棒的行装，这么多的置装费中尽可以拿出一部分来给母亲用。我们帮别人，要在他人急难的时候帮忙，公西赤并非穷困潦倒，再给他那么多，只是锦上添花，实在没有必要。

"求人须求大丈夫，济人须济急时无"，说的也是这个道理，锦上添花不是必要的，雪中送炭却救人于危难。人需要关怀和帮助，也最为珍惜在自己困境中得到的关怀和帮助。有人说，真正的朋友是雨中的一把伞，是雪中的一捧炭，是寒室中温暖的棉被，是佳肴中不可缺少的盐花。

三国鼎立之前，周瑜并不得意，曾在军阀袁术部下为官，被袁术任命做过一回小小的居巢长，也就一个小县的县令罢了。这时候地方上发生了饥荒，年成既坏，兵乱间又损失很多，粮食问题就日渐严峻起来。居巢的百姓没有粮食吃，就吃树皮、草根，很多人被活活饿死，军队也饿得失去了战斗力。周瑜作为地方的父母官，看到这悲惨情形心急如焚，却束手无策。

有人献计，说附近有个乐善好施的财主叫鲁肃，想必一定囤积了不少粮食，不如去向他借。于是周瑜带上人马登门拜访鲁肃，寒暄完毕，周瑜就开门见山地说："不瞒老兄，小弟此次造访，是想借点粮食。"鲁肃一看周瑜丰神俊朗，显而易见是个才子，日后必成大器，顿时产生了爱才之心，他根本不在乎周瑜现在只是个小小的居巢长，哈哈大笑说："此乃区区小事，我答应就是。"

鲁肃亲自带着周瑜去查看粮仓，这时鲁家存有两仓粮食，各三千斛，鲁肃痛快地说："也别提什么借不借的，我把其中一仓送与你好了。"周瑜及其手下一听他如此慷慨大方，都愣住了，要知道，在如此饥荒之年，粮食就是生命啊！周瑜被鲁肃的言行深深感动了，两人当下就交上了朋友。后来周瑜发达了，真的像鲁肃想的那样当上了将军，他牢记鲁肃的恩德，将他推荐给了孙权，鲁肃终于得到了干事业的机会。

在别人富有时送他一座金山，不如在他落难时，送他一杯水。因为，人们总会在现实生活中遇到一些困难，遇到一些自己解决不了的事情，这时候，如果能得到别人的帮助，将会永远铭记在心，感激不尽。

马克思在创立政治经济学时，正是他在经济上最贫困的时候，恩格斯经常慷慨解囊帮助他摆脱经济上的困境。对此，马克思十分感激。当《资本论》出版后，马克思写了一封信表示他的衷心谢意："这件事之所以成为可能，我只有归功于你！没有你对我的牺牲精神，我绝对不能完成那三卷的巨著。"两人友好相处，患难与共长达 40 年之久。列宁曾盛赞这两位革命导师的友谊是"超过了一切古老的传说中最动人的友谊故事"。

帮助别人不一定是物质上的帮助，简单的举手之劳或关怀的话语，就能让别人产生久久的感动。如果你能做到帮助曾经伤害过自己的人，不但能显示出你的博大胸怀，而且还有助于"化敌为友"，为自己营造一个更为宽松的人际环境。

如果人世间都能像圣人希望的那样，多些雪中送炭，少些锦上添花，人与人之间的关系便会更加和谐安宁。

襟怀坦荡，问心无愧

修佛但求坦荡，凡事只要问心无愧、光明磊落，便没有什么可畏惧的。

佛法植根于每个人的心中，只是我们自己平时没有觉察到而已。每个修禅且有所成就的人，总是会显现自己的天然个性，这种个性，无为无不为，无可无不可，自在天然。这种光明磊落的真性情，正是禅宗的一大特色。

有两个禅师是师兄弟，都是开悟了的人，一起行脚。从前的出家人肩上都背着铲子。和尚们背着这个方便铲上路，第一个用处是准备随时种植生产，带一块洋芋，有泥巴的地方，把洋芋切四块埋下去，不久洋芋长出来，可以吃饭，不用化缘了。第二个用处是，路上看到死东西就埋掉。这两师兄弟路上忽然看到一个死人，一个阿弥陀佛阿弥陀佛，就挖土把他埋掉了；一个却扬长而去，看都不看。

有人去问他们的师父：你两个徒弟都开悟了的，我在路上看到他们，两个人表现是两样，究竟哪个对呢？师父说："埋他的是慈悲，不埋的是解脱。因为人死了最后都是变泥巴的，摆在上面变泥巴，摆在下面变泥巴，都是一样，所以说，埋的是慈悲，不埋的是解脱。"

埋或者不埋，都是一种个性天然的体现，在这里体现了一种真性情的存在，所以，禅师才说他们都开悟了。

鲁智深，人称花和尚，小说《水浒传》中重要人物，梁山一百单八将之一。姓鲁名达，出家后法名智深。鲁达本在渭州小种经略相公手下当差，任经略府提辖。为救弱女子金翠莲，他三拳打死镇关西，被官府追捕。逃亡途中，经赵员外介绍，鲁达到五台山文殊院落发为僧，智真长老说偈赐名曰："灵光一点，价值千金。佛法广大，赐名智深。"智深在寺中难守佛门清规，大闹五台山，智真长老只得让他去投东京汴梁大相国寺，临别赠四句偈言："遇林而起，遇山而富。遇水而兴，遇江而止。"

鲁智深在相国寺看守菜园，收服众泼皮，倒拔垂杨柳，偶遇林冲，结为兄弟。林冲落难，刺配沧州，鲁智深一路暗中保护。在野猪林里，解差董超、薛霸欲害林冲，鲁智深及时出手，救了林冲一命，此后一直护送至沧州70里外。鲁智深因而为高俅所迫，再次逃走在江湖上，后与杨志等一起打下青州二龙山宝珠寺，就此落草。武松做了行者后，也来入伙。

呼延灼连环马为徐宁所破，投奔青州知府慕容彦达，惹出事端，于是有二龙山、桃花山、白虎山三山聚义，攻打青州。宋江引梁山泊头领下山增援，成功后一众人等同上梁山，鲁智深方与林冲重聚。

梁山一百单八将聚齐后，排定座次，鲁智深为天孤星，位列十三，在战斗序列中为步军头领之首。不久，宋江在《满江红》词中流露出招安之意，武松、李逵不快。鲁智深说："只今满朝文武，俱是奸邪，蒙蔽圣聪。就比俺的直裰，染做皂了，洗杀怎得干净！招安不济事！便拜辞了，明日一个个各去寻趁罢。"

宋江等受招安后，鲁智深陪同宋江，重上五台山，参礼智真长老。师父说："徒弟一去数年，杀人放火不易！"临别再赠四句偈言："逢夏而擒，遇腊而执。听潮而圆，见信而寂。"

后来，宋江征方腊，大战乌龙岭。鲁智深追杀夏侯成，却迷路入深山，得一僧指点，从缘缠井中解脱，生擒方腊。宋江大喜，劝鲁智深还俗为官，封妻荫子，光宗耀祖，鲁智深说："洒家心已成灰，不愿为官，只图寻个净了去处，安身立命足矣。"宋江又劝他住持名山，光显宗风，报答父母，鲁智深说："都不要！要多也无用。只得个囫囵尸首，便是强了。"宋江等凯旋，夜宿杭州六和寺。鲁智深听得钱塘江潮信，终于顿悟，于是沐浴更衣，圆寂涅槃，留颂曰："平生不修善果，只爱杀人放火。忽地顿开金绳，这里扯断玉锁。咦！钱塘江上潮信来，今日方知我是我。"

鲁智深的光明磊落是人所共知的，人们喜爱这个人物也是因为他的真性情，敢作敢当，直来直去，他最终能够成佛，也是一种必然。

此外，还有一个人物——金庸笔下的洪七公。洪七公在面对裘千仞的质问时，朗声答道："老叫花一生杀过二百三十一人，这二百三十一人个个是恶徒，若非贪官污吏、土豪恶霸，就是大奸巨恶、负义薄幸之人，老叫花贪杯贪食，可是生平没有杀过一个好人。裘千仞，你是第二百三十二个！"这番话大义凛然，裘千仞听了不禁气为之夺，羞愧难当。

光明磊落真性情，问心无愧才能胸怀坦荡。平素所谓的"反思""反省"都是要将魑魅魍魉赶出灵魂的深处，只有内心宁静安详，才能趋近于佛的境界。

一切都是最好的安排

古人祈祷神灵消除灾害，总不把白色额头的牛、高鼻折额的猪以及患有痔漏疾病的人沉入河中用作祭奠。这些情况巫师全都了解，认为他们都是很不吉祥的。不过这正是"神人"所认为的世上最大的吉祥。

庄子引用古代人的迷信来说明一般人认为不吉利的东西，但"神人"却认为这种"不吉利"反而有益无害。比如说，一匹头上有白毛的马没人敢骑，反而因此免去了一辈子的奴役；一头鼻子高高翘起的猪不会被杀掉作祭祀，才会好好地活到老。所以，世人认为不吉利的，在上天看来却是大吉大利。任何事情都有它的两面性，关键是看你如何从不利的一面当中看到有利的那一面。

从前有一个国王，除了打猎以外，最喜欢与宰相微服私访。宰相除了处理国务以外，就是陪着国王下乡巡视，他最常挂在嘴边的一句话就是"一切都是最好的安排"。

有一次，国王兴高采烈地到大草原打猎，他射伤了一只花豹。国王一时失去戒心，居然在随从尚未赶到时，就下马检视花豹。谁想到，花豹突然跳起来，将国王的小手指咬掉小半截。

回宫以后，国王越想越不痛快，就找宰相来饮酒解愁。宰相知道了这事后，一边举酒敬国王，一边微笑着说："大王啊！少了一小块肉总比少了一条命来得好吧！想开一点，一切都是最好的安排！"

国王听了很是生气："你真是大胆！你真的认为一切都是最好的安排吗？"

"是的，大王，一切都是最好的安排。"

国王说："如果我把你关进监狱，难道这也是最好的安排？"

宰相微笑说："如果是这样，我也深信这是最好的安排。"

国王大手一挥，两名侍卫就架着宰相走出去了。

过了一个月，国王养好伤，又找了一个近臣出游了。谁知路上碰到一群野蛮人，他们把国王抓住用来祭神。就在最后关键时刻，大祭司发现国王的左手小指头少了小半截，他忍痛下令说："把这个废物赶走，另外再找一个！"因为祭神要用"完美"的祭品，大祭司就把陪伴国王一起出游的近臣抓来代替。脱困的国王大喜若狂，飞奔回宫，立刻叫人将宰相释放了，在御花园设宴，为自己保住一命，也为宰相重获自由而庆祝。

国王向宰相敬酒说："宰相，你说的真是一点也不错，如果不是被花豹咬一口，今天连命都没了。可我不明白，你被关进监狱一个月，难道也是最好的安排吗？"

宰相慢慢地说："大王您想想看，如果我不是在监狱里，那么陪伴您微服私巡的人，不是我还会有谁呢？等到蛮人发现国王不适合拿来祭祀时，谁会被丢进大锅中烹煮呢？不是我还有谁呢？所以，我要为大王将我关进监狱而向您敬酒，您也救了我一命啊！"

宰相是一个明智的人，他能从事物的不利中看到有利的一面，并始终认为一切都是最好的安排，这无疑是一种积极的人生态度。

正是因为有些人不能正确地看待自己的利与不利，没有正确认清自己的价值，没有好好地活在这个世界里，才会自己给自己找麻烦。人生中难免遭遇一些利害得失，学会辩证地看待事物的两面性，就会少一些挫折感，你的人生才能轻松愉快。

上天总是公平的，在这里多给你一些，就会在其他方面拿走一些，所以得失不要看得太重，像塞翁一样做个生活的哲学家，便会减去不少烦恼。

大道废有仁义，慧智出有大伪

当仁义仅浮于表面，而离本义越来越远，倒不如摒弃表面的仁义道德。

老子之所以叹息"大道废，有仁义。慧智出，有大伪"，其实是基于当时社会环境的变化。春秋战国之际，诸侯纷争，割地称雄，残民以逞，原属常事。因此，许多有志之士奔走呼吁，倡导仁义，效法上古圣君贤相，体认天心仁爱，以仁心仁术治天下。诸子百家，皆号召仁义。但是，无论是哪一种高明的学说，哪一种超然的思想，用之既久，就会产生相反的弊病，变为只有空壳的口号，原本真正的实义便慢慢被忽略了。

相传，很久以前，有位圣人率领门徒云游四方，来到某个地方。这地方原本是一个国家的都城，如今已国破城灭。圣人是位研究兴亡治乱的专家，他向一位年迈睿智、阅历最深的老者请教："贵国为什么会灭亡？"老者摇头，叹息。良久，他说："亡国的原因是，国君用人只肯任用道德君子。"众弟子愕然，圣者默然。老者语重心长地说："好人没法对付坏人。"

古人云："无德必亡，唯德必危。"道德只宜律己，难以治人。道德的效果在于感化，但人的品流太复杂，不感无化待如何？感而不化又待如何？荀子主张："敬小人。"不敬小人，等于玩虎。坏人有时必须用坏来对付，以毒攻毒，才能制胜。也正因如此，道德渐渐偏离本意，仅仅披着"仁义"的衣服，内在却慢慢变质。

因为生于天下大乱之时的圣人，若是为了救世而救人，既然有所作为，就不免保存了一面，而伤及另一面。杀一以儆百，杀百以存一，本质相同，均为义所不忍为。所以佛说愿度尽众生，方自成佛，但以众生界不可尽故，吾愿亦永无穷尽。因此，老子认为那些自称为圣人之徒、号召以仁义救世的现世之人，不过是徒托空言，毫无实义，甚至假借仁义为名，以逞己私。

正如鲁迅先生在《狂人日记》中写道："我翻开历史一查，这历史没有年代，歪歪斜斜的每页上都写着'仁义道德'几个字。我横竖睡不着，仔细看了半夜，才从字缝里看出字来，满本都写着两个字是'吃人'！"

有人愤世嫉俗地认为，道德不能让人成功，也无法让人胜利，因为上帝总站在大奸大恶的人一边，只须做做仁义道德的表面文章便可获得成功。其实表面的仁义道德总会被别人看穿，仿佛一场戏剧表演，演员总有卸下装扮的一天，总有人知道你五色油彩下面的真实面容是什么样的。

吴起是战国时期著名的军事家，他在担任魏军统帅时，与士卒同甘共苦，深受下层士兵的拥戴。有一次，一个士兵身上长了个脓疮，作为一军统帅的吴起，竟然亲自用嘴为士兵吸吮脓血，全军上下无不感动，而这个士兵的母亲得知这个消息时却号啕大哭。有人奇怪地问道："你的儿子不过是小小的兵卒，将军亲自为他吸脓疮，你为什么哭呢？你儿子能得到将军的厚爱，这是你家的福分哪！"这位母亲哭诉道："这哪里是在爱我的儿子呀，分明是让我儿子为他卖命。想当初吴将军也曾为孩子的父亲吸脓血，结果打仗时，他父亲格外卖力，冲锋在前，终于战死沙场；现在吴将军又这样对待我的儿子，不知道我儿子要死在什么地方呢！"

这是一位目光犀利的母亲，一语中的，一针见血。吴起绝不是一个重感情的人。他为了谋取功名，背井离乡，母亲死了，他也不还乡安葬；本来娶了齐国的女子为妻，为了能当上鲁国的将军，竟杀死了自己的妻子，以消除鲁国国君的怀疑。史书说他是个残忍之人。可就是这么一个人，对士兵身上的脓疮却一而再地去用嘴吸吮，难道他真的视兵如子吗？当然不是。他这么做的唯一目的是要让士兵在战场上为他卖命。表面的仁义道德为人称颂，也收买了士兵的忠诚，不过本质依旧被人看了个一清二楚。

　　老子在当时之所以菲薄圣人讥刺仁义，其实不过是为了打掉世间假借圣人虚名以伪装仁义的招牌。仁义道德面面观，如果仅仅是人生舞台上的表演，乱哄哄，你方唱罢我登场，倒不如忘却这华丽的道德演出。

第十章

规划好自己的人生之旅

有意义的人生才能跳出时光的局限

万年归于一瞬，究竟是谁让你的流年于暗中偷换？

《庄子·齐物论》中说："众人役役，圣人愚芚，参万岁而一成纯。"一般人活在世界上，都是被自己的欲望和身体所奴役，一辈子劳劳碌碌，即佛家所谓的"凡夫"。而"圣人"境界则不同，"愚"而"芚"，"芚"不是利钝的钝，"芚"是有生机的，表面上看起来很笨，内在却充满生机。到达这个境界，"参万岁而一成纯"，超越了时间的观念，一万年在其看来只是一刹那。

由于时间观念完全是人的心理制造的，美好的时光总觉短暂，痛苦的时刻度日如年。"成纯"，完全是一个纯清绝顶的"吻合"的境界。"参万岁而一成纯"，参通了时空观念，便达到了佛学禅宗中经常说的"一念万年，万年一念"的境界。"万物尽然，而以是相蕴。"此时，便是身心一体，心物合一了，人与物统一，同一个本体，不分彼此，道藏于心物中。所以得道的人不是做物质的奴隶，而是万物听命于他，可以"旁日月，挟宇宙"。

后世所谓的"神仙之道，长生不老"便是由此而来，神话中常说："山中方一日，世上几千年。"晋代王质砍柴的时候到了石室山中，看到几位童子，有的在下棋，有的在吟唱。王质走近，童子把一个形状像枣核一样的东西给王质，他吞下了那东西以后，腹中不饥，便静静看了一局棋，棋局散罢，一个童子对他说："你为什么还不走呢？"王质起身之时，看到自己斧子的木柄已然完全腐烂了。等他回到家中，与他同时代的人都已经不在人世了。

对于普通人来说，万年归一念，或许有些晦涩难懂，下面这个故事便是这一哲理的进一步解读。生命的长短与时光的流逝有关，莫让你的流年在暗中偷换，有意义的人生总能跳出时光的局限。

佛光禅师门下弟子大智，出外参学二十年后归来，在法堂里向佛光禅师述说此次在外参学的种种见闻，佛光禅师总以慰勉的笑容倾听着，最后大智问道："老师，这二十年来，您老一个人还好？"佛光禅师道："很好！很好！讲学、说法、著作、写经，每天在法海里泛游，世上没有比这更欣悦的生活了，每天，我忙得好快乐。"大智关心似的说道："老师，应该多一些时间休息！"夜深了，佛光禅师对大智说道："你休息吧！有话我们以后慢慢谈。"

清晨在睡梦中，大智隐隐中就听到佛光禅师禅房传出阵阵诵经的木鱼声，白天佛光禅师总不厌其烦地对一批批来礼佛的信众开示，讲说佛法，一回禅堂不是批阅学僧心得报告，便是拟定信徒的教材，每天总有忙不完的事。好不容易看到佛光禅师刚与信徒谈话告一段落，大智争取这一空当，抢着问佛光禅师道："老师，分别这二十年来，您每天的生活仍然这么忙着，怎么都不觉得您老了呢？"佛光禅师道："我没有时间觉得老呀！"

一个真正立心做学问的人，永远没有空闲的时间。尤其是毕生求证"内明"之学的人，必须把一生一世，全部的身心精力，投入好学深思的领域中，然后才可能有冲破时空，摆脱身心束缚的自由。

对于人生而言，尽早懂得生命中追之不及的东西，并在它从身边溜过时牢牢将其抓住，才能在生命结束之时安然离世。心中没有老的观念，时光便如白驹过隙，一晃而过，所谓"参万岁而一成纯"正是如此。时间是个贼，偷走了许多原本人们可以得到的东西，然而将时间放走的人却是人们自己。当你没有时间觉得苦恼，没有时间觉得衰老的时候，便是找到了让时光停驻的方法。

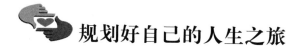

规划好自己的人生之旅

对于每个人来说，人生都是一次旅行，这世界退立一方，让任何知道自己要往何处的人通过。

《庄子·逍遥游》中提到了出外旅行的事情，到近郊的草木间去，一天在那里吃上三顿，回来了肚子还饱饱的；假如走一百里路呢？就不同了，得带一点干粮，说不定要两三天才能回来；如果走一千里路，那就要准备带两三个月的粮食了。

看上去这是庄子在告诉我们出门旅行该怎么准备，实际上讲的却是人生的境界。前途远大的人，就要有远大的计划；眼光短浅、只看现实的人，恐怕只能抓住今天。我们应该做的不止是拥有今天，还应该抓住明天、后天，抓住永远。

如何抓住永远？只有让你的人生持续发展，为今后的旅程做好充分的准备，才能走得更远，而非永远停留在一点。

有两个和尚分别住在相邻的两座山上的庙里，两座山之间有一条小溪，两个和尚每天都会在同一时间下山去溪边挑水，久而久之，二人成为好友。时光飞逝如白驹过隙，在每天一成不变的挑水中不知不觉已过了五年。

突然有一天左边这座山的和尚没有下山挑水，右边那座山的和尚心想："他大概睡过头了。"便没有在意。哪知第二天左边这座山的和尚还是没有下山挑水，第三天也一样。过了十天还是一样，直到过了一个月，右边那座山的和尚终于受不了了，他心想："我的朋友可能生病了，我要过去拜访他，看看能帮上什么忙。"于是他便爬上了左边这座山，去探望他的老朋友。等他到了左边这座山的庙里，看到他的老友之后大吃一惊，因为他的老友正在诵经读书，一点也不像一个月没喝水的人。他很好奇地问："你已经一个月没有下山挑水了，难道你可以不用喝水吗?"

左边这座山的和尚微笑着说:"来,我带你去看。"于是他带着右边那座山的和尚走到庙的后院,指着一口井说:"这五年来,我每天做完功课后都会抽空挖这口井,即使有时很忙,能挖多少就算多少。如今终于让我挖出井水,我就不用再下山挑水了,可以有更多时间诵经打坐,钻研佛理。"

世界上有三种人:第一种人只会回忆过去,在回忆的过程中体验感伤;第二种人只会空想未来,在空想的过程中不务正事;只有第三种人将现实与理想完美结合,高瞻远瞩,脚踏实地。只有将昨天、今天、明天的事情都打理妥当,才能走好漫漫人生路。

如果一个人鼠目寸光,其前途成就也就有限。高瞻远瞩的人,才能成就千秋的事业,这便是智慧的大小有别。一个人寿命的长短,关键在于你能不能把握。有些人活了几十年就死了,不懂得如何把握,所以说:"小年不及大年。"

有些人做事只图眼前利益,而不会为长远打算。眼前可以得到的利益总给人一种实实在在的感觉,短视的心理却常常使人们失去本应该能够得到的美好事物。也许人们认为自己的行为更注重现实,而实际上是自己将未来的发展与成功的机遇白白浪费掉了。沉湎过去和未来就会迷失现在的一切,包括自己本身。

有一个人经常出差,总买不到坐票。可是无论长途短途,无论车上多挤,他总能找到座位。

他的办法其实很简单,就是耐心地一节车厢一节车厢找过去。这个办法听上去似乎并不高明,却很管用。每次,他都做好了从第一节车厢走到最后一节车厢的准备,可是每次他都用不着走到最后就会发现空位。他说,这是因为像他这样锲而不舍找座位的乘客实在不多。经常是在他落座的车厢里尚余若干座位,而在其他车厢的过道和车厢接头处,居然人满为患。

他说,大多数乘客轻易就被一两节车厢拥挤的表面现象迷惑了,不大细想在数十次停靠之中,从火车十几个车门上上下下的流动中蕴藏着不少提供座位的机遇;即使想到了,他们也没有那份寻找的耐心。

眼前一方小小立足之地很容易让大多数人满足，为了一个座位背负着行囊挤来挤去有些人也觉得不值。他们还担心万一找不到座位，回头连个好好站着的地方也没有了。与生活中一些安于现状、不思进取、害怕失败的人一样，这些不愿主动找座位的乘客大多只能在上车时最初的落脚之处一直站到下车。

急功近利是人性的一面。许多人贪图小便宜，往往为眼前的小利益而迷惑，殊不知在得到的同时却往往失去了更多。生活中，我们常常被眼前利益的绚烂外貌蒙住了双眼，宁愿一直低头享受那片刻的短暂欢愉，也不肯抬起头望望远方，去寻找更大的空间。只为眼前利益的人，受人性所限，只会陷入庸人自扰的无边烦恼；唯有立足长远的人，才能突破人性的瓶颈，活出智慧人生。

前途究竟是什么？前途是一次有计划的旅行，执着而有远见，自信而把握关键，便能拥有一张人生之旅永远的坐票。

扔掉多余行李，你会走得更远

人生是一场旅行，当行囊过于沉重时，就应该拿掉一些累赘的东西，只有适当地放弃才能让你轻松自在地面对生活。

活着要顺其自然，要不增不减，抛却心中的妄情、妄念、妄想，保持一片清明境界，才是上天给我们的道。这个道就是本性，人活得很自然，一天到晚头脑清清楚楚，不要加上后天的人情世故。如果加上后天的意识上的人情世故，就会有喜怒哀乐，使得身体内部受伤害，就会有病不得长寿。

相传，有一次，苏格拉底带着他的学生来到了一个山洞里，学生们正在纳闷，他却打开了一座神秘的仓库。这个仓库里装满了放射着奇光异彩的宝贝。仔细一看，每件宝贝上都刻着清晰可辨的字，分别是：骄傲、嫉妒、痛苦、烦恼、谦虚、正直、快乐……这些宝贝是那么漂亮，那么迷人。这时苏格拉底说话了："孩子们，这些宝贝都是我积攒多年的，你们如果喜欢的话，就拿去吧！"

学生们见一件爱一件，抓起来就往口袋里装。可是，在回家的路上他们才发现，装满宝贝的口袋是那么沉重，没走多远，他们便感到气喘吁吁，两腿发软，再也无法挪动脚步。苏格拉底又开口了："孩子们，还是丢掉一些宝贝吧，后面的路还很长呢！""骄傲"丢掉了，"痛苦"丢掉了，"烦恼"也丢掉了……口袋的重量虽然减轻了不少，但学生们还是感到很沉重，双腿依然像灌了铅似的。

"孩子们，把你们的口袋再翻一翻，看看还有什么可以扔掉一些。"苏格拉底再次劝那些孩子们。学生们终于把最沉重的"名"和"利"也翻出来扔掉了，口袋里只剩下了"谦逊""正直"和"快乐"……一下子，他们有一种说不出的轻松和快乐。

人的欲望就像个无底洞，任万千金银也是难以填满的。欲望是需要用"度"来控制的。人具有适当的欲望是一件好事，因为欲望是追求目标与前进的动力，但如果给自己的心填充过多的欲望，只会加重前行的负担。人贪得越多，附加在心上的负担也就越重，可明知如此，许多人却仍然根除不了人性劣根的限制。对于真正享受生活的人来说，任何不需要的东西都是多余的。适当放下是一种洒脱，是参透人性后的一种平和。背负了太多的欲望，总是为金钱、名利奔波劳碌，整天忧心忡忡，又怎么能有快乐呢？只有放下那些过于沉重的东西，才能得到心灵的放松。

一个人需要的其实十分有限，许多附加的东西只是徒增无谓的负担而已，人们需要做的是从内心爱自己。曾有这么一个比喻："我们所累积的东西，就好像是阿米巴变形虫分裂的过程一样，不停地制造、繁殖，从不曾间断过。"而那些不断膨胀的物品、责任、人际占据了你全部的空间和时间，许多人每天忙着应付这些事情，早已喘不过气来，每天甚至连吃饭、喝水、睡觉的时间都没有，也没有足够的空间活着。

拼命用"加法"的结果，就是把一个人逼到生活失调，精神濒临错乱的地步。这时候，就应该运用"减法"了！这就好像参加一次旅行，当一个人带了太多的行李上路，在尚未到达目的地之前，就已经把自己弄得筋疲力尽。唯一可行的方法，是为自己减轻压力，就像扔掉多余的行李一样。

著名的心理大师荣格曾这样形容："一个人步入中年，就等于是走到'人生的下午'，这时既可以回顾过去，又可以展望未来。在下午的时候，就应该回头检查早上出发时所带的东西究竟还合不合用，有些东西是不是该丢弃了。理由很简单，因为我们不能照着上午的计划来过下午的人生。早晨美好的事物，到了傍晚可能显得微不足道；早晨的真理，到了傍晚可能已经变成谎言。"或许你过去已成功地走过早晨，但是，当你用同样的方式走到下午时，却发现生命变得不堪负荷，坎坷难行，这就是该丢东西的时候了！

旁观者清，当局者迷。对于人性的弱点，每个人都有足够的了解，而一旦置身其中选择取舍时往往就不是那么一回事了。这不是不识"庐山真面目"，只因"身在此山中"，这也是人性的一种悲哀。

　　抛却心中的"妄念"，才能够使你于利不趋、于色不近、于失不馁、于得不骄，进入宁静致远的人生境界。人生中该收手时就要收手，切莫让得到也变成了另外意义上的失去。合理地放弃一些东西吧，因为只有这样我们才能得到更珍贵的东西。

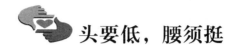

头要低，腰须挺

"高下相倾"是老子在《道德经》中随口提及的一句话，看似十分简单，却蕴含着许多深远的含义。

高高在上，低低在下，表面看来，绝对不是齐一平等的，重点在相倾的"倾"字。天地宇宙，本来便在周圆旋转中，凡事崇高必有倾倒，复归于平。因此，高与下，本来就是相倾而自然归于平等的。即使不倾倒而归于平，在弧形的回旋律中，高下本来同归于一律，即佛法中所说"是法平等，无有高下"。

一位闻名遐迩的画家每逢青年画家登门求教，总是很耐心地给人看画指点；对于有潜力的青年才俊，更是尽心尽力，不惜耗费自己作画的时间。一次，一位后辈画家对于前辈的关爱感激涕零，老画家微笑着讲了一个故事。

40年前，一个青年拿了自己的画作到京都，想请一位自己敬仰的前辈画家指点一下。那画家看这青年是个无名小卒，连画轴都没让青年打开，便推托私务缠身，下了逐客令。青年走到门口，转过身说了一句话："大师，您现在站在山顶，往下俯视我辈无名小卒，的确十分渺小；但您也应该知道，我从山下往上看您，您同样也十分渺小！"说完转身扬长而去。青年后来发愤学艺，终于在艺术界有所成就，他时刻记得那一次冷遇，也时刻提醒自己，一个人是否形象高大，并不在于他所处的位置，而在于他的人格、胸襟、修养。

的确，站在山顶的人和居于山脚的人，在对方眼中，同样渺小。高高的山峰终于被一群登山者踩在了脚下，极目四望，一切都离他们那么远。"你们看，山下的人都如蚂蚁一般！"其中一人兴奋地嚷着。"可是，他们也许根本就没觉着山上有人。"一位同伴在一旁轻轻地说。

大家霎时冷静下来：是啊，巍峨的只是脚下的山峰，我们还和过去一样普通，并不因位置的升高而高大。

明心禅师游方归来，见苦心禅院的学僧们正在寺前的围墙上描绘一幅龙虎斗的画像，画面上巨龙于云端盘旋而下，虎踞山头，作势欲扑。众僧多次修改，总觉不尽如人意，却不知问题所在。明心禅师见状，微笑言道："动态不足。"学僧们欲闻其详，禅师道："龙于攻击之前，头须向后退缩；虎作上扑之时，头必自下压低。龙颈愈屈，虎头愈低，冲势愈猛，扑劲愈大，此乃常性。"学僧们点头受教。明心禅师进一步指点迷津："为人处世，参禅修道的道理也是如此啊。"学僧们闻言恍然大悟。

有一位禅师曾经譬喻说："宇宙有多大多高？宇宙只不过五尺高而已！我们这具昂昂六尺之躯，想生存于宇宙之间，只有低下头来！"人生在世，有时顶天立地，孤傲不群，有如龙抬头虎相扑；但有时也应虚怀若谷，有如龙退缩，虎低头。当进则进，当退则退；当高则高，当低则低。高下相倾，进退有据，才能独立于世。

唐朝一位布袋和尚曾写过这样一首诗：手把青秧插满田，低头便见水中天；心地清净方为道，退步原来是向前。

波澜壮阔的大海之所以能够包容万物，笑纳百川，深远伟大，关键在于其位置最低。位置放得低，所以能从容不迫，能悟透世事沧桑。正如一位哲人所言，想要达到最高处，必须从最低处开始。

提起高下的问题，不由使人想起苗家人房屋建筑的特点。一个不大的屋子里面可以有几十个房檐和门槛，平日里，苗寨里的乡亲们就背着沉甸甸的大背篓从外面穿过这些房檐和门槛走进来。虽然障碍如此之多，可从来没有人因此撞到房檐或者是被门槛绊倒，而外乡人初至，即使是空手走在这样的屋子里也会经常碰头跌跤。一位苗家老人常常告诫初来的外乡人，要想在这样的建筑里行走自如，就必须牢记：可以低头，但不能弯腰。低头是为了避开上面的障碍，看清楚脚下的门槛。而不弯腰则是为了有足够的力气承担起身上的背负。

老人的告诫又何尝不是对人生的形象比喻，苗家建筑好比人生，一路上充满了房檐和门槛，一个不大的空间里到处都是磕磕绊绊，而人们肩膀上那个沉沉的背篓里装满了做人的尊严。背负着尊严走在高低不同、起伏不定的道路上，必须时刻提防四周的危险，还要时刻提醒自己：头要低，腰须挺。

可以平凡，不能平庸

以植物为例，孔子曾提到过两种说法，苗而不秀与秀而不实。

有些植物，种子种下去，发出的芽非常好，应该前途无量，但结果长不大，枝叶并不茂盛，这是"苗而不秀"。"秀而不实"是虽然花叶扶疏，但没有结出果实来。

如果以这两句话来看自己的人生，大多可以说是"秀而不实"的。年轻时，想如何如何，最后得了结论，觉得自己是没办法做到的，个中原因，在于自己，无关他人。

自己的结果如何由自己决定，一个长跑运动员参加一个5人组的比赛，赛前教练对他说，据我了解，其他4个人实力并不如你。结果，这名运动员轻松地跑了个第一名。后来，教练又让他参加了另外一个10人组的比赛，教练把其他人平时的成绩拿给他看，他发现别人的成绩并不如自己，他又轻松跑了个第一名。再后来，这名运动员又参加了20人组的比赛，教练说，你只要战胜其中的一个人，你就会胜利。结果，比赛中，他紧跟着教练说的那名运动员，并在最后冲刺时，又取得了第一名。后来他又一次参加比赛，赛前，关于其他运动员的情况，教练并没和他沟通过。在5人组的比赛中，他勉强拿了一个第一名；后来在10人组的比赛中，他滑到了第2名；20人小组的比赛中，他仅仅拿了一个第五名。而实际的情况是，这次各个组的其他参赛运动员与第一次的水平完全相同。

人与人之间能力与水平的差别不在于别人比你强多少，而是你自己认为自己应该处于什么位置，苗而不秀或秀而不实的结局都是自己造成的。

人生中不会永远有人告诉我们其他人的实力和能力，于是面对着周围越来越多的人，我们要么开始茫然无措、妄自菲薄，主动地把自己"安排"到一个较低的位置上；要么骄傲自满、不思进取，成为"儿时了了，大未必佳"之人。这也许是前进的路上许多人要走的一条路。即便自己曾经是一块金子，也会因为自己的原因逐渐黯然褪色为一块铁，甚至甘心堕落为一粒沙。

1986 年，在墨西哥奥运会百米赛道上，美国选手吉·海因斯撞线后，转过身子看运动场上的记分牌，当指示灯出现 9.95 的字样后，海因斯摊开双手自言自语地说了一句话，这一情景后来通过电视网络，全世界至少有几亿人看到，但当时他身边没有话筒，海因斯到底说什么，谁都不知道。

直到 1984 年洛杉矶奥运会前夕，一名叫戴维·帕尔的记者在办公室回放奥运会资料时突发好奇心，他找到海因斯询问，此时这句话才被破译出来，原来，自欧文创造了 10.3 秒的成绩后，医学界断言，人类肌肉纤维承载的运动极限就是 10 秒。所以当海因斯看到自己 9.95 秒的纪录之后，自己都有些惊呆了，原来 10 秒这个门不是紧锁的，它虚掩着，就像终点上那根横着的绳子。于是兴奋的海因斯情不自禁地说："上帝啊！那扇门原来是虚掩着的。"

你可以平凡但不要平庸，平庸是人生的悲剧，而我们自己往往是悲剧的导演。能不能推开那扇虚掩的门，关键在于自己，因此，千万不要走入苗而不秀与秀而不实的境地。

沉潜以待高飞

成败宛若两重天，人生必须厚积薄发，时机未达之时，静若处子，沉心定气，卧薪尝胆；一旦时机成熟，动如脱兔，灵敏应对，抓住机遇，扶摇直上。

《庄子·逍遥游》中有一段神话般的故事："北冥有鱼，其名为鲲。鲲之大，不知其几千里也；化而为鸟，其名为鹏。鹏之背，不知其几千里也；怒而飞，其翼若垂天之云。"

庄子说深海里头有条鱼，突然一变，变成天上会飞的大鹏鸟。鲲化鹏这个问题含义丰富，包含了两个方面——"沉潜"与"飞动"。潜伏在深海里的鱼，突然一变，变成了远走高飞的大鹏鸟。

人生的某个时刻，或是一个人年轻之时，或是修道还没有成功的时候，或是倒霉得没有办法的时候，必须"沉潜"在深水里头，动都不要动。只要修到相当的程度，摇身一变，便能升华高飞了。

庄子在这里讲述的"深海沉潜"与"一怒而飞"让我们想到"不鸣则已，一鸣惊人"的历史故事。

春秋时代楚国著名的贤君楚庄王，少年即位，面对混乱不堪的朝政，为了稳住事态，他表面上三年不理朝政，声色犬马，实则在暗地里等待时机，人问之，曰："三年不飞，飞将冲天；三年不鸣，鸣将惊人。"果然，不久后，他厚积薄发，励精图治，其在位的 22 年间，知人善任，整顿朝纲，兴修水利，重农务商，使国力日渐强盛，先后灭庸、伐宋、攻陈、围郑，陈兵于周郊，问鼎周王朝，成为历史上著名的春秋五霸之一。

《三国演义》中曹操与刘备青梅煮酒，曹操遥指天边龙挂，曾云：龙能大能小，能升能隐；大则兴云吐雾，小则隐介藏形；升则飞腾于宇宙之间，隐则潜伏于波涛之内。方今春深，龙乘时变化，犹人得志而纵横四海。龙之为物，可比世之英雄。其实，这其中便蕴含着鲲鹏沉潜高飞之道。

孟子曰："大丈夫穷则独善其身，达则兼济天下。"这句话其实也是沉潜以待的深刻解读，千年前的古人便将"厚积"与"薄发"的辩证法诠释得淋漓尽致。

一位年轻的画家，在他刚出道时，三年没有卖出去一幅画，这让他很苦恼。于是，他去请教一位世界闻名的老画家，他想知道为什么自己整整三年居然连一幅画都卖不出去。那位老画家微微一笑，问他每画一幅画大概用多长时间。他说一般是一两天吧，最多不过三天。那老画家于是对他说，年轻人，那你换种方式试试吧，你用三年的时间去画一幅画，我保证你的画一两天就可以卖出去，最多不会超过三天。

怎样在不破坏天鹅高贵优雅的观赏姿态的同时剥夺它的飞翔习性？一个两全其美的办法便是——尽量缩小水域的空间，因为天鹅在展翅高飞之前，必须有一段足够长的水面供它滑翔，如果助跑线的长度过短，天鹅就难以施展它拥抱蓝天的理想了。久而久之，天鹅便会丧失飞翔的信念，甚至泯灭了飞翔的本能。

人又何尝不是如此，沉潜的日子相当于长长的助跑线，能够让你飞得更高更远。成功绝不是一蹴而就的，只有静下心来日积月累地积蓄力量，才能够"绳锯木断，水滴石穿"。

致虚极，守静笃

道家时常用到"清"与"虚"两个字，"清"形容境界，"虚"象征境界的空灵，两者异曲同工。"致"是做到、达到的意思，"致虚极"，是要空到极点。"守静笃"讲的是功夫、作用，要专一坚持地守住。

用禅宗黄龙禅师的几句形容词来解读这句话，即"如灵猫捕鼠，目睛不瞬，四足据地，诸根顺向，首尾直立，拟无不中"。一只精灵异常的猫，等着要抓老鼠，四只脚蹲在地上，头端正，尾巴直竖起来，两只锐利的眼珠直盯即将到手的猎物，聚精会神，动也不动，随时伺机一跃，给予致命的一击。这是在告诉我们，参话头，作功夫，精神集中，心无旁骛，方能成就道功。

众生皆有大智慧，将老子"致虚极，守静笃"的六字真言贯彻得极为彻底的，除了灵猫，还有大家都十分熟悉的母鸡。无论发生了什么，都专心致志地守着自己的蛋，真正是泰山崩于前而面不改色。修定的功夫，许多人都望尘莫及。

一位鸟类爱好者喜欢在闲暇时间观察鸟类，当他搬入了新家后，发现了一件很棘手的事情。他在后院里装了个喂鸟器，然而一群松鼠每天都会光临，弄倒喂鸟器，吃掉里面的食物，把小鸟吓得四散而去。他绞尽脑汁想出各种办法让松鼠远离喂鸟器，就差没有使用暴力了。但丝毫不起作用。

万般无奈之下，他来到当地一家五金店。在那儿他找到了一种与众不同的喂鸟器，带有铁丝网，还有个让人动心的名字，叫"防松鼠喂鸟器"。他买下它并安装在后院里。但天黑以前，松鼠又大摇大摆地光顾了"防松鼠喂鸟器"，照样把鸟儿吓跑了。

这回他拆下喂鸟器，回到五金店，颇为气愤地要求退货。五金店的经理回答说："别着急,我会给你退货的,不过你要理解:这个世上可没有什么真正的防松鼠喂鸟器。"他惊奇地问:"你想告诉我,我们可以把人送到太空基地,可以在几秒钟之内把信息传到全球任何一个地方,但我们最尖端的科学家和工程师都不能设计和制造出一个真正有效的喂鸟器,可以把那种脑子只有豌豆大的啮齿类小动物阻挡在外?你是想告诉我这个吗?"

"是啊,"经理说,"先生,要解释清楚,我得问你两个问题。首先,你平均每天花多少时间,让松鼠远离你的喂鸟器?"他想了一下,回答说:"我不清楚,大概每天10分钟到15分钟吧。""和我猜的差不多,"那位经理说,"现在,请回答我第二个问题:你猜那些松鼠每天花多少时间来试图闯入你的喂鸟器呢?"

他马上会意:在松鼠醒着的每时每刻。原来松鼠不睡觉的时候,98%的时间都用于寻找食物。在专一的用心面前,智慧的大脑、优势的体格节节败退!看来,小松鼠的笃定同样让人望尘莫及。

如果你做一件事情,没有专注到脑子里,那么你离成功还有很多的路要走。众生皆有大智慧,无论是灵猫,是母鸡,还是松鼠,与这些动物相比,人们有时缺少的就是几分笃定与专注。

积淀，成就人生的高度

《庄子·逍遥游》中提到了风力，大鹏鸟要飞到九万里高空，必须要等到大风来了才行。如果风力不够大，它的两个翅膀就无法张开，也就飞不起来。风力越大，起飞就越容易，飞得就越快。

用这个道理比喻人生，修道想成功也要借助于风力，一个人想成大功立大业，必须凭风借力，找到建功立业的本钱。所以青年人要想做一番事业，有所成就，必须培养自己的能力才智，本钱积累多了，才算拥有了足够的风力，才可以飞上九万里的高空。《红楼梦》中薛宝钗在一阙《柳絮词》中写的"韶华休笑本无根，好风凭借力，送我上青云"说的便是这个道理。

一个屡屡失意的年轻人来到普济寺，慕名寻到高僧释圆，沮丧地对他说："人生总不如意，活着也是苟且，有什么意思呢？"释圆大师静静地听完年轻人的叹息和絮叨，末了吩咐小和尚说："施主远道而来，烧一壶温水送过来。"不一会儿，小和尚送来了一壶温水，释圆抓了些茶叶放进杯子，然后用温水沏了，放在茶几上，微笑着请年轻人喝茶。杯子冒出微微的水汽，茶叶静静浮着。年轻人不解地询问："宝刹怎么喝温茶？"释圆笑而不语。年轻人喝一口细品，不由得摇摇头："一点茶香都没有啊。"释圆说："这可是闽地名茶铁观音啊。"年轻人又端起杯子品尝，然后肯定地说："真的没有一丝茶香。"

释圆又吩咐小和尚："再去烧一壶沸水送过来。"又过了一会儿，小和尚便提着一壶冒着浓浓热气的沸水进来。释圆起身，又取过一个杯子，放茶叶，倒沸水，再放在茶几上。年轻人俯首看去，茶叶在杯子里上下沉浮，丝丝清香不绝如缕，望而生津。年轻人欲去端杯，释圆作势挡开，又提起水壶注入一线沸水。茶叶翻腾得更厉害了，一缕更醇厚、更醉人的茶香袅袅升腾，在禅房弥漫开来。释圆这样注了五次水，杯子终于满了，那绿绿的一杯茶水，端在手上清香扑鼻，入口沁人心脾。

释圆笑着问："施主可知道，同是铁观音，为什么茶味迥异吗?"年轻人思忖着说："一杯用温水，一杯用沸水，冲沏的水不同。"释圆点头："用水不同，则茶叶的沉浮就不一样。温水沏茶，茶叶轻浮水上，怎会散发清香? 沸水沏茶，反复几次，茶叶沉沉浮浮，释放出四季的风韵：既有春的幽静和夏的炽热，又有秋的丰盈和冬的清冽。世间芸芸众生，也和沏茶是同一个道理。就像沏茶的水温度不够，就不可能沏出散发诱人香味的茶水一样，你自己的能力不足，要想处处得力、事事顺心自然很难。要想摆脱失意，最有效的方法就是苦练内功，切不可心生浮躁。"

人生如茶，水温够了，时间够了，茶香自然会飘散出来。人生需要慢慢积淀，当时机成熟，风力充足，有了一定的能力才智作为本钱，定能一飞冲天。

 得成于忍

　　佛学将天地称作婆娑世界，意为"堪忍"，人类生活其上，勉勉强强过得去。我们每一个人活着都会觉得很屈服，因为心里都有股烦恼压抑其中，无法倾吐。有人说，如果人生是一种痛苦，那么，为了夕阳西下那动人心魄的美，我宁愿选择痛苦。

　　一位西方学者曾经说过："忍耐和坚持是痛苦的，但它逐渐给你带来好处。"人要获得某方面的成就，必须学会忍耐，从某种程度上说，忍耐是成就一项事业的必需。

　　一个想修佛的人当然需要学会忍。怎样叫忍？"忍"在佛法修持里是一个大境界。大乘的佛法，则必须"得成于忍"。忍是一个人获得成就的不可回避的路程。

　　山里有座寺庙，庙里有尊铜铸的大佛和一口大钟。每天大钟都要承受几百次撞击，发出哀鸣。而大佛每天都会坐在那里，接受千千万万人的顶礼膜拜。一天夜里，大钟向大佛提出抗议说："你我都是铜铸的，可是你却高高在上，每天都有人对你顶礼膜拜，献花供果，烧香奉茶。但每当有人拜你之时，我就要挨打，这太不公平了吧！"

　　大佛听后微微一笑，然后，安慰大钟说："大钟啊，你也不必羡慕我，你可知道吗？当初我被工匠制造时，一棒一棒地捶打，一刀一刀地雕琢，历经刀山火海的痛楚，日夜忍耐如雨点落下的刀锤……千锤百炼才铸成佛的眼耳鼻身。我的苦难，你不曾忍受，我走过难忍能忍的苦行，才坐在这里，接受鲜花供养和人类的礼拜！而你，别人只在你身上轻轻敲打一下，就忍受不了了！"大钟听后，若有所思。忍受艰苦的雕琢和吹打之后，大佛才成其为大佛，钟的那点锤打之苦又有什么不堪忍受的呢？

　　其实，不光学佛需要行"忍"，一切成就也都来源于忍。孔子的克

己复礼是忍耐，他的思想至今在人间散发着理性的光芒，成为众人提倡的奉行之本。刘邦在取得基本胜利后广积粮、高筑墙、缓称王是忍耐，终成汉高祖一代帝业；项羽急不可待，最终却是霸王别姬，饮恨乌江；韩信甘愿受胯下之辱是忍耐；司马迁遭受宫刑著《史记》是忍耐。

人生总是如此，不如意事常八九，可与人言无二三。事业失败需要忍耐，感情受挫需要忍耐，人生磨难需要忍耐，经济合作需要忍耐，人际关系需要忍耐，家庭生活需要忍耐。忍耐是一种执着，忍耐是一种谋略，忍耐是一种意志，忍耐是一种修炼，忍耐是一种信心，忍耐是一种成熟人性的自我完善。所以明代禅宗憨山大师就讲："荆棘丛中下脚易，月明廉下转身难。"

一个人学佛处处都是障碍，等于满地荆棘，都是刺人的。普通人的看法，荆棘丛中下脚非常困难，但是一个决心修道的人，并不觉得太困难，充其量被刺破而已！最难的是什么呢？月明廉下转身难。要行人所不能行，忍人所不能忍，进入这个苦海茫茫中来救世救人，那可是最难做到的。

在人生的历程中，我们会遇到一些需要忍耐的事情，借以历练自己的心智。学会忍耐，在生命历程中实践忍耐，你就能够在不久的将来成就你的人生。

莫将人生作赌注

清心寡欲，安于现实，知足常乐，便是最好的安乐自在。时时警戒，处处谨慎，居正不倒，方能成为正人君子。

一个人，如果真正能够对天道自然的法则有所认识，那么，天赋人生已够充实。善于利用生命中原有的真实，应对于现实生活，就能够优游余裕而知足常乐。但是，如果忘记了原有生命的真善美，任欲望膨胀，希求永无止境的满足，那么，必定会招来无限的苦果。

有一则《乌鸦喝水》的寓言故事的人生演绎，读来发人深思。一个小孩子听到的第一个故事是《乌鸦喝水》，妈妈告诉他，爸爸就是家里的乌鸦，每月给家中寄钱，就像乌鸦叼起的小石子，一颗一颗，攒多了，家里就有水喝了。后来，爸爸在矿上出事了，妈妈就变成了攒小石子的乌鸦。他长大了，大学毕业后，来到了爸爸生前工作的煤矿，几年后，他当上了矿长。他不满足每月的那几颗"小石子"，就和别人合伙开了个私人小煤窑。肥水不流外人田，小煤窑日渐壮大，灾难降临了，他工作的煤窑由于安全措施不到位，发生了大规模的冒顶事故，工人伤亡惨重。当他即将被行刑时，他想到了一只口渴的乌鸦，一只急功近利的、不愿等水慢慢涨高的乌鸦，丢入瓶中一块大石头，结果瓶被砸碎了，水也没有喝到。

现实社会，纷繁复杂，人们若能保持已有的成就，便是最现实、最大的幸福。如果不安于现实，让欲望主宰自我，在原已持有的成就上，要求更多乃至无穷，最后终归得不偿失，还不如就此保持已得的本位，持赢保泰。重点在于一个"持"字，因此便有"揣而锐之，不可长保。金玉满堂，莫之能守。富贵而骄，自遗其咎"等引申之意。机关算尽太聪明，反误了卿卿性命。人性总有一道底线，越过道德的边境，走入的必将是人生的禁区。有许多底线是不能碰触的，一旦越过，必会抱恨终生。

对于已经拥有的感觉不到满足，贪婪地想索取更多，却在不知不觉中失去了原有的美好事物，还不正是我们人性中表现出的常态吗？有时，生活就像一场赌博，投注之后总想赢钱。然而，游戏无常，我们的结局常常是输。之后，我们想保住本钱，想赚取更多，便投下更大的赌注，却不知，下一次也许会输得更惨。

《老子》曰："天之道，其犹张弓欤！高者抑之，下者举之；有余者损之，不足者补之。天之道，损有余而补不足。"天地宇宙对于谦下者总是采取保护措施的，而不是"丰有余损不足"。

持盈保泰、守柔不争是修身的原则，人生在世，争的无非是两样东西，一是争气，一是争利。争气，值得，但不可太盛；争利，无尽，永远没有满足。名利皆身外之物，生不带来，死不带去，与其放纵欲望，不如享受生命，对酒当歌，人生几何，与世无争，自寻解脱。人生是一场博弈，但不是一场赌局，输红了眼的赌徒往往不顾一切将身家性命都投入到必输的赌局中。如果你拿人生当赌注，最终只会输了自己，输了一切。